⚠ "应急避险"丛书 主编 侯喜林 胡春梅

火 灾

HUOZAI

姜 波 编著

南京出版传媒集团
南京出版社

图书在版编目（CIP）数据

火灾 / 姜波编著 . -- 南京 : 南京出版社
（应急避险）
ISBN 978-7-5533-2719-8

Ⅰ . ①火… Ⅱ . ①姜… Ⅲ . ①火灾—灾害防治 Ⅳ . ① TU998.12

中国版本图书馆 CIP 数据核字 (2019) 第 271158 号

丛 书 名	应急避险	
书 名	火灾	
作 者	姜 波	
出版发行	南京出版传媒集团	
	南 京 出 版 社	

　　社址：南京市太平门街 53 号　邮编：210016
　　网址：http://www.njcbs.cn　电子信箱：njcbs1988@163.com
　　联系电话：025-83283893、83283864（营销）　025-83112257（编务）

出 版 人	项晓宁
出 品 人	卢海鸣
责任编辑	刘 娟
装帧设计	张 淼
插 图	孙 松
责任印制	杨福彬

排 版	南京布克文化发展有限公司
印 刷	南京新洲印刷有限公司
开 本	710 毫米 ×1000 毫米 1/16
印 张	10.25
插 页	1
字 数	92 千字
版 次	2020 年 1 月第 1 版
印 次	2024 年 11 月第 3 次印刷
书 号	ISBN 978-7-5533-2719-8
定 价	26.80 元

南京出版社
图书专营店

编 委 会

丛书主编　侯喜林　胡春梅

副 主 编　李 梅

编写组成员　侯喜林　胡春梅　李 梅　魏幸福

　　　　　　朱筱英　姜 波　黄周传　沈 澄

　　　　　　周 鹏　周 倩　孔祥雨　崔 燕

　　　　　　刘 丹

编 写 单 位　南京农业大学

　　　　　　南京科普作家协会

　　　　　　南京科普创作学会联合体

统 　 　 筹　张 龙　刘 娟

致 读 者

习近平总书记指出："科技创新、科学普及是实现创新发展的两翼，要把科学普及放在与科技创新同等重要的位置。没有全民科学素质普遍提高，就难以建立起宏大的高素质创新大军，难以实现科技成果快速转化。"

科技创新与科学普及密切相关，科技创新离不开广泛的公众理解和积极的社会参与。科普图书是普及科学知识、弘扬科学精神、传播科学思想、倡导科学方法的重要形式和载体。2018年以来，为提升市民科学素质，为建设具有全球影响力的创新名城，南京市科协开展了资助创新型科普图书工作。通过对那些具备科学性、思想性、艺术性、知识性，贴近大众、内容丰富的科普图书的择优资助，促进科普创作深入开展。

2019年，经过单位申报、专家评审、社会公示等程序，"应急避险"丛书、"天文望远镜史话"丛书、《南京常见野生动植物识别手册》等科普图书获得了"南京创新型科普图书"资助。今后，南京市科协将持续支持创新型科普图书的创作，期待广大科技工作者、科普工作者积极创作优秀科普作品，为弘扬科学精神、培育创新文化、建设"创新名城、美丽古都"做出积极的贡献。

南京市科学技术协会

目录
Contents

第一章

认识火灾

第二章

消防安全实用知识

第五章

公共场所火灾防范与逃生

第六章

交通工具火灾防范与逃生

第七章

初起火灾扑救

第八章

建筑消防设施

第一章

认识火灾

1. 什么是燃烧

（1）燃烧的定义

所谓燃烧，俗称着火，是指可燃物与氧化剂作用发生的放热反应，通常伴有火焰、发光和（或）烟气的现象。

从本质上讲，燃烧就是物质之间发生的剧烈的化学反应，燃烧具有三个特征，即化学反应、放热和发光。正确认识燃烧是科学合理地用火和确保消防安全的基础。

（2）燃烧的必要条件

任何物质发生燃烧都必须具备三个必要条件，即可燃物、助燃物（氧化剂）和引火源(温度)。只有在三个条件同时具备的情况下，可燃物质才能发生燃烧。

①可燃物。凡是能与空气中的氧或其他氧化剂起燃烧化学反应的物质称可燃物。可燃物种类繁多，一般分为气体可燃物、液体可燃物和固体可燃物三种类别。如厨房中的煤气、储备的酒精、备用的蜡烛、家中的衣物棉被等都是常见的可燃物。

②助燃物（氧化剂）。凡是与可燃物结合能导致和支持燃烧的物质称为助燃物。如广泛存在于空气中的氧气。

③引火源（温度）。引火源是指供给可燃物和氧化剂发生燃烧反应的能量来源。常见的引火源有明火，如厨房炉火、火柴火、烟头火、焚烧物品的余火；电弧、电火花，如电气线路、电气设备、电气开关及漏电打火，电话、手机等通信工具火花、静电火花等；

雷击、高温、自燃引火源等。

只有这三个条件同时具备，才可能发生燃烧现象，无论缺少哪一个条件，燃烧都不能发生。

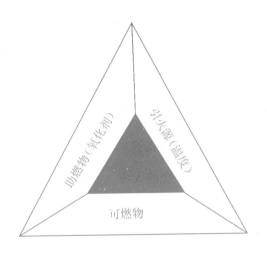

2. 火灾及其分类

火灾是指在时间或空间上失去控制的燃烧。

火灾的分类：

（1）根据可燃物的类型和燃烧特性，火灾分为 A 类火灾、B 类火灾、C 类火灾、D 类火灾、E 类火灾、F 类火灾六个不同的类别。

A 类火灾：指固体物质火灾，如木材、棉、毛、麻、纸张及其制品等燃烧的火灾。一般在燃烧时能产生灼热的余烬，可使用清水型灭火器、泡沫灭火器、干粉灭火器等扑灭。

B 类火灾：指液体火灾或可熔化固体物质火灾。如汽油、煤油、原油、甲醇、乙醇、沥青、石蜡等燃烧的火灾。可使用泡沫灭火器、二氧化碳灭火器、干粉灭火器等扑灭。

C 类火灾：指气体火灾。如煤气、天然气、甲烷、乙烷、氢气、乙炔等燃烧的火灾。可使用干粉灭火器、二氧化碳灭火器扑灭。

D 类火灾：指金属火灾。如钾、钠、镁、钛、锆、锂、铝镁合金等燃烧的火灾。可选择粉状石墨灭火器、灭金属火灾的专用干粉灭火器等扑灭，也可采用干砂或铸铁屑末来替代。

E 类火灾：物体带电燃烧的火灾。如变压器等设备带电燃烧的火灾。可选择干粉灭火器、二氧化碳灭火器等扑灭。

F 类火灾：指烹饪器具内的烹饪物（如动植物油脂）火灾。可

选择干粉灭火器等扑灭。

（2）按照火灾事故造成的灾害损失程度，火灾还可以分为特别重大火灾、重大火灾、较大火灾和一般火灾四个等级。

特别重大火灾是指造成 30 人以上死亡，或者 100 人以上重伤，或者 1 亿元以上直接财产损失的火灾。

重大火灾是指造成 10 人以上 30 人以下死亡，或者 50 人以上 100 人以下重伤，或者 5000 万元以上 1 亿元以下直接财产损失的火灾。

较大火灾是指造成 3 人以上 10 人以下死亡，或者 10 人以上 50 人以下重伤，或者 1000 万元以上 5000 万元以下直接财产损失的火灾。

一般火灾是指造成 3 人以下死亡，或者 10 人以下重伤，或者 1000 万元以下直接财产损失的火灾。

（注："以上"包括本数，"以下"不包括本数。）

3. 火灾的特性

（1）发展的特性

火灾有其发生、发展的过程，建筑物内火灾最初发生在室内某个房间或部位，然后蔓延到相邻的房间或区域以及整个楼层，最后蔓延到整个建筑物。其发展过程大致可分为初期增长阶段、充分发展阶段、衰减阶段。

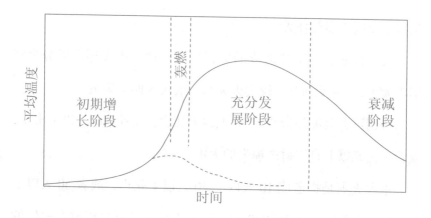

①初期增长阶段。刚起火时，火灾范围较小，只局限于着火点处燃烧，烟气不大，燃烧的发展大多比较缓慢，有可能形成火灾，也有可能中途自行熄灭（上图中虚线表示自行熄灭）。形成火灾的，燃烧所产生的有害气体尚未大范围蔓延扩散，火灾对建筑物尚不具备破坏性。此时，被困人员有一定时间逃生。如果消防设施与人力充足、扑救方法正确，就可以把火灾控制住，甚至完全消灭。

②充分发展阶段。如果火灾没有得到及时控制，可燃物就会继续持续燃烧扩大，这时的火灾燃烧速度持续加快，周围温度升高，不断生成大量的热烟气，沿顶棚向四周及墙壁扩散，烟层不断增厚，被困人员的逃生难度加大。但是，如果被困人员掌握正确的逃生自救方法，此时仍然可以逃出火场。

当室内温度达到600℃以上时，室内绝大多数可燃物均会被卷入燃烧，便可发生强烈燃烧现象，称为轰燃。火灾发展到这一阶段最危险，也最具破坏性。火场释放大量有毒烟气，甚至会产生瞬时爆燃，对扑救人员、受困人员均会形成最大的安全威胁，对建筑物也会形成毁灭性破坏。

知识小百科

一旦着火房间发生轰燃，火灾会立即进入旺盛期，室内温度可达 800—1000℃，整个房间会被火包围，从开口部位喷出黑烟和火焰。如果被困人员在轰燃前未能撤离火灾现场，火灾将严重威胁其生命安全。

③衰减阶段。随着可燃物质燃烧、分解，其数量不断减少，加之助燃剂的消耗减少，火灾将呈下降趋势。这一阶段有时会持续很长时间，有时也会因建筑物结构坍塌，重新产生有氧对流而出现"死灰复燃"现象。

当可燃物质全部燃尽后，火便自然熄灭。

（2）蔓延的特性

①蔓延形态。火灾的发生、发展就是一个火灾发展蔓延、能量传播的过程。热传播是影响火灾发展的决定性因素。热量传播有以下三种途径：热传导、热对流和热辐射。

热传导是指热量通过直接接触的物体，从温度较高部位传递

到温度较低部位的过程。一般来说，固体物质是强的热导体，液体物质次之，气体物质较差。金属材料为优良导体，非金属固体多为不良热导体。

热对流是指热量通过流动介质，由空间的一处传播到另一处的现象。热对流是热传播的重要方式，是影响初期火灾发展的最主要因素。火场中通风孔洞面积愈大，热对流的速度愈快；通风孔洞所处位置愈高，热对流速度愈快。

热辐射是指以电磁波形式传递热量的现象。当火灾处于发展阶段时，热辐射成为热传播的主要形式。

②蔓延顺序。火势蔓延的方式因起火位置的不同而不同。一般来说，当起火点在平面（地面）上时，火势向火点四周蔓延；当起火点在立面时，火势最初呈线性燃烧，其后会沿着火焰的去路蔓延。

火灾在建筑物之间和建筑物内部的主要蔓延途径有：建筑物的外窗、洞口；突出于建筑物防火结构的可燃构件；建筑物内的门窗洞口，各种管道沟和管道井，开口部位；未做防火分隔的大空间结构，未封闭的楼梯间；各种穿越隔墙或防火墙的金属构件和金属管道；未做防火处理的通风、空调管道以及吊顶内部、外墙面等。

烟气流动的方向通常是火势蔓延的一个主要方向。一般来说，

500℃以上热烟就有可能把所有可燃物引燃起火。

知识小百科

火灾中的高温烟气密度比冷空气小，由于浮力作用向上升起，遇到水平楼板或者顶棚改为水平方向继续扩散。其在水平方向的扩散速度，在火灾初期为 0.1—0.3m/s，火灾中期为 0.5—0.8m/s；在垂直方向流动速度较大，通常为 1—5m/s，在楼梯间和管道竖井中，因为烟囱效应，可达 6—8m/s，甚至更大。

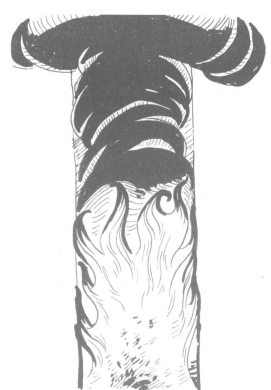

当高层建筑发生火灾时，烟气的扩散路径有三条：第一条也是最主要的一条是着火房间→走廊→楼梯间→上部各楼层→室外；第二条是着火房间→室外；第三条是着火房间→相邻上层房间→室外。

（3）受气象条件和季节影响的特性

①气温的影响。气温越高，可燃物的温度随之升高，

更容易达到着火点，也越容易发生火灾。而且一旦发生火灾，其火势发展也更加猛烈。

②湿度的影响。湿度与火灾的关系最为密切。湿度下降，可燃物处于干燥易燃状态，而且火星等其他火种由于空气干燥很难灭掉，因此，湿度变小，火灾发生的次数便会上升。

③风的影响。风对火势的发展有着决定性的影响。尤其是室外火灾，影响更大。风会带来新鲜空气，使着火区燃烧猛烈；风向改变，会使火势蔓延的方向改变；风力变大，会使火势的蔓延速度加快、火灾扩大；如果是大风天，有可能形成飞火，使燃烧范围迅速扩大。一般来说，风朝着建筑物吹过来，会增强建筑物内的烟气向下风方向流动。

④季节的影响。季节变化，气温、湿度、风等气象条件也会随之变化，受其影响，一年之中，冬春季节天气寒冷，风干物燥，火灾风险较高，是我国火灾的高发时期。2018 年 1 月至 5 月以及 12 月，我国发生火灾 14.3 万起，亡 914 人，伤 465 人，直接财产损失 18.2 亿元，分别占全年的 60.2%、65%、58.3% 和 54%。

（4）室内火灾的特点

①突发性。一般情况下火灾隐患都有较长时间的潜伏性，往往是小患不除，酿成火灾。火灾的发生事先都没有预警，火灾一旦发生，往往已成燃烧状态，如自燃、爆炸、电气设备短路及用火

不慎等引起的火灾。

②多变性。火灾具有多变性。每一场火灾，其形成和发展过程都不尽相同，与建筑的结构布局、空间面积、装饰装修、通风状况、可燃物的种类和数量，以及初起火灾的处置措施等因素密切相关。因此，火灾并无一定的规律性，而是千变万化，必须根据火情的发展随机地、正确地选择逃生和处置方法。

知识小百科

民用住宅建筑单元密集，空间相对较小，易燃装修材料多，发生火灾时燃烧迅速，火势集中，易导致轰燃。商用建筑的面积、空间较大，内部装修材料复杂，空气流通良好，发生火灾时，火势猛烈，蔓延迅速，过火面积大。

③瞬时性。美国科学家曾做过实验，在室内点燃一个废纸篓：2 分钟后，感烟探测器响起；3 分钟后，室内温度上升到 260℃，楼上楼下的房间充满毒烟；4 分钟后，楼上楼下的过道已不能通行；片刻之后，仍滞留在房间里的人就可能会被烟呛死，或者被烧死。火灾的瞬时性清楚地告诉我们应该如何正确逃生和处置初起火灾。

④高温性。室内火灾可燃物质多，火灾蔓延速度快，往往短时间内热量便会聚积，特别是火灾发展到轰燃时，可以达到几百甚至上千摄氏度。人在 100℃的环境中即会出现虚脱现象，丧失逃

生能力，近千摄氏度的高温对人的危害更是致命的。

⑤烟毒性。火灾的发生往往伴随着大量有毒烟气的生成，由于可燃物质的不同，所生成的有毒气体也不一样，但一般均含有一氧化碳、二氧化碳、硫化氢、氯化氢、二氧化氮等成分复杂的有毒气体。吸入这些烟气的人员会产生轻重不同的中毒表现，甚至死亡。火灾统计表明，火灾中死亡的人员约有60%—80%是由于吸入有毒烟气而致死的。

4. 火灾原因

火灾的发生原因归纳起来是人的不安全行为、物的不安全状态或者两者兼而有之。引发火灾的常见原因分为人为因素和自然因素，主要有吸烟、生活用火不慎、生产作业不慎、未成年人玩火、电气线路故障、电器设备使用不当、放火、雷击等。统计数据表明，每年发生的火灾中，大概70%以上是直接或间接地由人的不安全行为导致的。

（1）电气

电气火灾近年来在我国各类火灾原因中居于首位，约占全年火灾总数的30%左右。电气火灾原因复杂，电气设备故障、敷设、设置或使用不当及老化造成的超负荷、线路短路、接触不良等是引起电气火灾的直接原因。另外，电动自行车充电引发的火灾也随着其数量的不断增加而相应地增长。

（2）吸烟

点燃的香烟烟头温度可高达 800℃，能引燃大部分可燃性物质。常见吸烟引发火灾的情形有：躺在床上吸烟，烟头引燃被褥；将未熄灭的烟头或火柴梗扔在纸篓或垃圾箱内引燃可燃物；在禁止火种的易燃易爆高危场所违章吸烟，引发火灾或爆炸。

（3）生活用火不慎

主要是城乡居民在家庭生活中不注意防火造成的火灾，主要有炊事用火、取暖用火、灯火照明、点蚊香等不慎或操作不当引发的火灾；家中祭祀时无人照管引发的火灾等。

（4）儿童玩火

未成年人因缺乏看管，玩火、燃放烟花爆竹等引发火灾，有的还会造成重大人员伤亡和财产损失。

（5）违章操作

违反安全生产规定，在易燃易爆车间内动用明火，在气焊、电焊等操作时违反操作规定，在化工生产操作中违章或操作失误等。

（6）放火

这是违法行为，会受到法律的制裁。这类火灾往往事发突然，后果严重。

其他还有雷击等自然因素引发火灾等。

5.火灾的危害

（1）造成人员伤亡

火灾直接威胁人们的生命安全。我国每年约有 1000—2000 人在火灾中死亡，数百人受伤。2016 年，国际消防技术委员会公布了第 21 号世界各国火灾统计研究报告，报告显示，仅 2014 年，在占世界人口 15% 的 32 个国家中，火灾共造成 2.07 万人死亡、6.43 万人受伤。

案例链接

2019年3月31日，四川凉山木里县发生森林火灾，造成进行灭火扑救的凉山森林消防支队西昌大队27名消防指战员和当地3名干部、群众牺牲。

（2）损毁物质财物

火灾具有巨大的破坏力，俗话说，"贼偷一半，火烧精光"，火灾会吞噬大量的社会物质财富，使人们辛勤劳动创造的物质财

富顷刻间化为乌有。据统计，我国 20 世纪 60 年代平均每年火灾直接损失为 1.4 亿元，70 年代为近 2.4 亿元，80 年代为 3.2 亿元，90 年代为 10.6 亿元；21 世纪以来，年均火灾直接损失高达 13.9 亿元。2018 年全国共接报火灾 23.7 万起，已统计直接财产损失 36.75 亿元，同 2017 年相比上升 1.8%。

（3）带来间接损失

火灾还会造成连带的、严重的间接损失，无法用金钱来计算。如果烧毁了文物、档案、科研成果、重要资料，损失更是难以用经济价值估量。如果发生在首脑机关、指挥系统、通信枢纽、涉外单位、名古建筑、著名景区等，还会打乱社会正常的生活、生产、工作秩序，造成不良社会影响，甚至引发一系列社会问题。

案例链接

1994 年 11 月 15 日，吉林市银都夜总会因纵火发生火灾，殃及在同一建筑物内的市博物馆，不仅造成直接财产损失 671 万多元，而且将馆藏文物 7000 余件和黑龙江在该馆巡展的 1 具 7000 多万年以前的恐龙化石烧毁，使得堪称世界级瑰宝、被列入《吉尼斯世界大全》的吉林陨石雨中最大的 1 号陨石分为两半，还有 2 人被烧死，既造成了难以计算的经济损失，更造成了不良的社会影响。

（4）破坏生态环境

火灾会对大气、水源、环境造成污染，严重破坏生态环境，尤其是森林、化工和重要工业基地火灾，往往使生态环境严重恶化，甚至数十年乃至上百年不可修复，损失无法估量。

案例链接

1987年5月6日至6月2日，黑龙江省大兴安岭地区发生特大火灾，不但使得中国境内的约7.3万平方千米（相当于苏格兰大小）森林受到不同程度的火灾损害，还波及了苏联境内的约4.9万平方千米森林，是新中国成立以来最严重的一次森林火灾。大火经过10万名军民一个月的奋战才被扑灭，广袤森林变成焦土，经济损失几十亿元，被破坏的生态需80年才能恢复。

第二章

消防安全实用知识

1. 认识消防安全标志

　　消防安全标志是由表示特定消防安全信息的图形符号、安全色、几何形状等构成，必要时辅以文字或方向指示的安全标志。消防安全标志向公众指示安全出口的位置与方向、安全疏散逃生的途径、消防设施设备的位置、火灾或爆炸危险区域的警示与禁止标志等特定的消防安全信息，由红、黄、绿、黑、白五种颜色组成，其中，红色表示禁止，黄色表示警告有火灾爆炸的危险，绿色指示安全和疏散途径，黑色和白色是相应的文字。悬挂消防安全标志是为了引起人们对不安全因素的注意，预防事故的发生，能够起到极其重要的避灾效果和积极的保护作用；当危险发生时，能够指示人们沿着正确的方向尽快疏散逃生，或者有效处置火灾事故。消防安全标志的颜色国际通用，无论是平时还是遭遇火灾时，一定要遵守标志的指挥。平时要了解和熟记这些标志的含义。

（1）消防安全标志的具体要求

根据国家标准 GB 13495.1—2015《消防安全标志　第 1 部分：标志》，消防安全标志在几何形状、安全色及对比色、图形符号色等方面有明确要求，具体如下表：

几何形状	安全色	安全色的对比色	图形符号色	含义
正方形	红色	白色	白色	标示消防设施（如火灾报警装置和灭火设备）
正方形	绿色	白色	白色	提示安全状况（如紧急疏散逃生）
带斜杠的圆形	红色	白色	黑色	表示禁止
等边三角形	黄色	黑色	黑色	表示警告

（2）消防安全标志的分类

消防安全标志根据其功能可分为火灾报警装置标志、紧急疏散逃生标志、灭火设备标志、禁止和警告标志、方向辅助标志、文字辅助标志等6类，共有25个常见标志和2个方向辅助标志（见书末附页）。

2. 掌握火场疏散逃生原则

（1）火场疏散逃生的基本要求

①要熟悉楼梯等疏散通道，熟悉公共场合的消防安全标志，按照其指示的方向，快速逃生。

②烟气是火场的致命杀手，逃生时一定要注意躲避烟气，在楼道逃生时要根据烟气层的高低采取直立、弯腰或匍匐前进等不同的行进姿势逃生。

③根据火场的不同情况选择在室内避险还是向室外逃生。

④应从疏散楼梯逃生，不能乘坐电梯。

（2）迅速逃生和有序撤离原则

①迅速逃生。要抓住时机，就近利用一切通道、工具、物品，迅速撤离火灾危险区。如果逃生的通道被封死，在无任何安全保障的条件下，不要采取跳楼等过激行为，要注意保护自己，固守待援，等待救援人员开辟通道，逃离危险区。

②有序撤离。当被困人员较多时，如果有在场人员组织疏散，要听从他们的指挥，有序撤离。有老、弱、病、残、妇女、儿童在场时，要主动帮助他们首先逃离火场，同时也防止他们惊慌失措，拥挤踩踏，影响疏散。

知识小百科

在疏散时要随手关门，特别是防火门。疏散时让所有人尽量靠楼梯右边扶手撤离，让出楼梯左边通道，以便于消防队员灭火救援。

（3）一般逃生技能

①保持冷静，清醒观察火场态势，明辨正确逃生方向。认真观察自己所处位置和疏散通道、安全出口及疏散指示标志，再选择正确的逃生方法和方向，切忌盲目行动。

②立即向最近的疏散通道和安全出口方向逃生，通过楼梯逃生时尽量沿着右侧快速疏散，避免拥挤。不可贪恋财物而浪费宝贵的逃生时间。

③逃生中应注意观察烟气层的高度，根据其高度而采取不同的行进姿势。可以用水浇湿毛巾或用衣服捂住口鼻，但切记，湿毛巾能够起到一定的降温或过滤烟尘的作用，但不能阻挡浓烟的侵袭，不可借以穿过有毒烟气逃生。

④正确选择逃生还是避险。身处室内时，开门前应先用手触摸门把手。如果温度很高，或有烟雾进来，说明大火或浓烟已封锁房门出口，反之说明大火尚有一段距离。此时可先将门打开一道缝再缓慢开门，确信火势不大的情况下，尽快离开房间逃出火场。

如果情况相反则应固守待援，迅速打开室内的水龙头，将所有可盛水的容器装满水，并把毛巾、被单等打湿，堵住门窗缝隙，防止烟雾侵入。在此期间，要主动与外界联系，以便尽早获救。如果身处设有避难层的高层建筑，可以去避难层躲避，等待救援。

⑤在无法逃至安全地带的情况下，要尽可能选择靠近大路的窗口、阳台、天台等容易被人发现的场所，同时向救援人员发出求救信号，如呼喊、抛物等。黑暗中可以用手电筒、手机等向下照亮。千万不可钻到床底下、衣橱内、阁楼上躲避火焰或烟雾。这些都是火灾现场中最危险的地方，且又不易被人发现，难以获得及时的营救。万一失去自救能力，也应努力滚到墙边，便于消防员沿墙壁搜寻时发现和营救。

⑥如果发现身上着火，千万不要惊跑或用手拍打，应记住六个字：站住、躺倒、打滚，同时用手蒙住脸部，压灭火苗，或让旁边的人用毯子、衣物紧紧裹住，压灭火苗。

3. 准确报火警

（1）报警的原则

报警早，损失小。一旦发生火灾，必须及时报告火警，这对尽快组织人员疏散和采取有效措施扑灭初起火灾意义重大，同时有利于专业消防队伍尽早到场灭火。报警是起火后的首要行动，也是及时扑灭火灾的关键之举。我国法律也明确规定，不可阻拦

报火警，否则会受到法律的处罚。

（2）报警的对象和途径

①拨打"119"电话向消防队报告火警。我国的专用火警电话号码是"119"，发现火情应快速拨打"119"向消防队报警，以便消防队出动专业救援力量灭火。报警之后，应派人到路口接应消防车进入火灾现场。没有电话且离消防队较近时，可快速赶到消防队报警。

②大声呼喊，向周围的人员报警。一旦发现火情，应通过呼喊、敲击发声物等向周围的人发出警报，提醒人们立刻逃生避险或

帮助扑救初起火灾。如果火情发生在学校、商场、影院等人员密集场所，将直接威胁众多人员的生命安全，甚至造成群死群伤的恶性后果。此时发现火情，应立即向大家发出警报，可以高声呼喊："着火了，赶快疏散呀！"以便在场的人员尽快作出反应。如果是在夜里发现火灾，在逃生自救的同时，更应高声呼喊或敲击脸盆等物发出较大声响，向邻居和周围的人报警，提醒大家及时撤离火场。

③使用火灾报警装置向起火单位和人员发出警报。常见的火灾报警装置是手动报警按钮。目前,大部分公共建筑在安全疏散通道附近都安装了手动火灾自动报警按钮,有的还配备了消防报警电话。在这种场所发现火灾,可以用手动方式发出火灾报警信号,提请单位尽快组织人员施救和引导疏散。使用方法是找到安装在走道墙壁上的报警按钮,按照指示标志的指示位置将其按下,火灾自动报警系统的声光警报装置将被启动,从而在建筑物内发出火警警报,报警信号和报警位置同时传送至消防控制中心。

4. 受困火场时报警求援

发生火灾时,特别是被困在某处或者火场不能拨打电话时,一定要想办法引起他人的注意。

①大声呼叫,向邻居或者路过的行人求救。

②敲击金属物品如锅碗、铁桶等,发出巨大响声,引起注意。

③可以向楼下扔不会伤害到人的软物品,引起别人的注意。

④白天可以用竹竿撑起色彩鲜明的衣物或者鲜艳的布条不断晃动,或者摇晃红领巾、红色床单等,发出求救信号;晚上可以挥动亮着的手电筒、灯等方式发出求救信号,唤起人们的注意,让他们知道你身陷困境需要救援。

5. 报告火警的内容

在拨打"119"火警电话向消防队报火警时,应讲清以下内容:

（1）发生火灾单位或个人的详细地址

包括街道名称，门牌号码，靠近何处；农村发生火灾要讲明县、乡（镇）、村庄名称；大型企业要讲明分厂、车间或部门；高层建筑要讲明第几层楼等。总之，地址要讲得明确、具体。

（2）起火物

尽量能够告知起火物质和场所，如房屋、商店、油库、加油站、露天堆场等；房屋着火最好讲明是什么类型的建筑，如棚屋、场馆或是高层建筑等；如果能确认起火物质，应一并说清，如液化石油气、汽油、化学试剂、棉花、麦秸等，以便消防部门根据情况调派消防力量和专用的灭火装备。

（3）火势情况

火势情况是指火灾发展和蔓延及危害波及的程度。描述词可以是：只见冒烟、有火光、火势猛烈、有多少间房屋着火、是否有人员被困、有无爆炸和毒气泄漏等。

（4）报警人基本情况

主要包括：姓名、性别、年龄、单位、联系电话号码等，以便消防部门电话联系，了解火场情况。

（5）不可谎报火警

"119"火灾报警电话是处置火灾警情、进行紧急救助、抢救人民生命财产的生命线。发现火情可以拨打火警电话"119"，但平

时不能随便拨打这个电话，以免影响报警电话的接入，更不能有意骚扰和谎报警情，否则会极大地影响火灾等求助电话的呼入，严重扰乱"119"指挥中心的正常工作秩序，占用宝贵的线路资源，也严重浪费有限的社会应急公共资源，影响真正的火灾和险情处置。同时，谎报火警还是一种违法行为，《中华人民共和国消防法》规定：阻拦报火警或者谎报火警的，处警告、罚款或者十日以下拘留。

第三章

住宅火灾防范与逃生

1. 如何防范住宅火灾

　　火灾统计显示，住宅火灾在各类火灾中占比较大。例如，2017 年江苏省接报火灾中，住宅宿舍类火灾仍为火灾发生的主要场所，共发生火灾 8440 起，占火灾总起数的 45.64%。2008—2018 年间全国较大以上火灾半数以上起于各类电气问题，居民用火不慎是引发火灾的第二大原因，违规用火用电、随意处理火种等现象在农村地区表现明显。其中，电气和用火不慎引发的火灾中，半数以上发生在农村。

案例链接

　　2001 年 3 月 9 日，广西三江县梅林乡新民村发生火灾，烧毁房屋 245 间，受灾 165 户、736 人，直接财产损失 159.3 万元。这起火灾系村民点蜡烛看书，洗澡时未灭蜡烛导致。

防范住宅火灾是每个人都应重视的问题。尤其是农村地区，自建民宅和小型加工厂多，防火条件和生活设施质量参差不齐，居民安全防范意识不强，且火场偏僻，一旦发生火灾，短时间内很难得到消防专业力量的救助，极易造成人员伤亡。

（1）安全用火

生活中有时会使用明火，如火柴、打火机、蜡烛、蚊香、火炉等，如果使用不当极易酿成火灾。安全用火是住宅防火最重要的内容之一。

①安全保管和使用火柴、打火机。2015年2月5日，广东省惠州市惠东义乌小商品批发城因一名9岁男童玩火引发火灾，导致17人死亡。孩子的好奇心强，喜欢模仿，火柴和打火机要放在孩子拿不到的地方，教育孩子发现火柴和打火机要向家长报告，家长要妥善保管，防止孩子用其玩火，引发火灾。使用火柴时要注意等火柴梗完全熄灭后再扔进纸篓，防止其引燃纸张等可燃物。打火机不要放在汽车内靠近挡风玻璃的地方，防止其被阳光照射后引发爆炸。

②用明火取暖时防范火灾。使用火炉、火盆等器具用明火取暖时要有专人看管，做到"火着有人在，火熄人再走"；应当远离家具、门窗等，周围不可堆放可燃物；烘烤衣物时，衣物应与火苗保持一定的间距；不能用汽油、煤油、柴油等易燃物作引火物。烧过的炉灰要待晾凉或用水浇灭后再倒进垃圾箱。外出或者睡觉前应先检查炉火的安全情况，并将其封好，确认安全无误。

案例链接

2015年3月25日零时许，新疆克拉玛依市大西沟一处平房区发生火灾，造成6人死亡，2人受伤，过火面积超过1000平方米，大火与居民向屋外倾倒炉灰有关。

③安全使用蜡烛、蚊香。使用蚊香要放在专用的铁架上或瓷盘、铁盘里，远离蚊帐、床单、窗帘、书架等可燃物。

案例链接

2001年6月5日，江西省广播电视发展中心艺术幼儿园发生火灾，造成13名儿童死亡，1人轻伤，火灾系点燃的蚊香引燃搭落在床架上的棉被所致。

同样，使用蜡烛时，一定要把蜡烛放在金属制的烛台上插稳，点燃后应放在背风处和不易碰倒的地方，并远离窗帘、蚊帐、书架等可燃物。在放置汽油、煤油、柴油、酒精、烟花爆竹等易燃易爆危险品的地方，不得使用蜡烛等明火照明。不要手持燃着的蜡烛到床底下、柜子里找东西。不要让儿童玩蜡烛，大人离家外出时要吹灭点燃的蜡烛。

④祭祀用火应注意安全。家中祭祀摆设的祭台要远离可燃物，不能在祭台上铺台布；香火或蜡烛应置于金属、陶瓷等不燃材料制作的固定烛台、香炉内，周围摆放的祭品不能有任何可燃性物品；不能在室内焚烧冥纸、明器；长明的烛台可用低压灯泡代替。在小区内焚纸时，应远离周围的可燃物，人离开时，应将燃着的蜡烛、香火熄灭。

2018 年 2 月 15 日除夕 19 时 13 分，浙江台州仙居县朱溪镇一民房发生火灾，过火面积约 200 平方米，直接经济损失约 1.2 万元，所幸无人员伤亡。火灾系屋主在家中做祭祀活动，蜡烛倾倒引发。

⑤防止儿童玩火。家长应当切实负起责任，加强对儿童的管理教育，使他们认识到玩火的危险性，做到不玩火。不要让儿童模仿大人吸烟、玩火；更不要让儿童在柴堆旁或野外玩火；要制止儿童在室内、可燃建筑、柴草堆等场所燃放烟花爆竹，并教育

儿童在可以燃放的地点燃放烟花爆竹后要检查残骸、纸屑飞落地点，发现残火立即熄灭；更不准儿童摆弄鞭炮中的火药；家长外出时，要将儿童托人看管，不能让儿童单独留在家中，更不要把儿童锁在家中。

（2）电气防火

电气火灾一般是指由于电气线路、用电设备、器具等出现故障引发的火灾，也包括由雷电和静电引起的火灾，而出现故障的原因很多出自人为因素。据统计，2018年全国共接报火灾23.7万起，电气火灾占较大比重：因违反电气安装使用规定引发的火灾占总数的34.6%，雷击静电引发的占0.1%。加强电气防火，安全使用家用电器是关键。

①正确敷设电气线路。电气线路的敷设应符合安全和防火要求，科学合理选择配电线路和电表容量，防止电线超负荷引发火灾。家用电器安装应请有资质的电工，电气线路应穿管保护；进

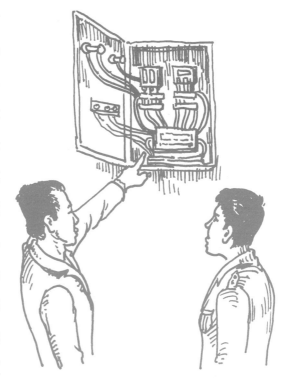

户线路应设置分路空气开关和漏电保护器，大功率用电设备需要单独设置短路保护装置；保险丝要按额定电流选型，不能使用铜丝等代替；不要乱拉乱接电线。要经常检查线路是否完好无损，如发现老化或破旧要及时更换，防止发生短路而引发火灾。

2009 年 12 月 18 日 1 时 30 分许，广东省深圳市宝安区松岗街道一间铁皮屋顶的出租屋突发火灾，睡在屋内阁楼的一对夫妇及其幼子不幸身亡。经调查认定：室内安装的电气线路不符合规范要求而发生故障导致火灾。

②购买合格的家用电器。家用电器和照明灯具必须购买正规厂家生产的合格产品，使用新电器时，应详细阅读电器说明书，严格按照规程操作。家用电器超过安全使用期限后应尽快更新，以免因零件老化、电线绝缘层老化等引发火灾。若遇停电，要切断家里电源，关闭所有电器开关，拔掉插头，防止恢复来电后因电流过强损坏电气线路和电器引发火灾。

案例链接

2004年1月11日，安徽省临泉县吕寨镇发生一起因电视机爆炸引发的火灾事故，造成一家7口6人死亡、1人受伤。

③安全使用接线板。不要使用国家已经明令淘汰的万用插座接线板，要购买符合新国标的接线板，并安全使用，不要在同一个接线板上同时使用多种大功率电器用具。不能用湿手插、拔电源插头，不能用湿布擦拭带电的灯头、开关、插座和荧光屏等。

④及时切断电源。电视机、空调等带有遥控器的电子产品不用时要拔下电源插头，遥控关机后这些电器仍然带电，长时间通电容易带来火灾隐患。打雷时不要使用带有外接电线的家用电器，最好将电源插头拔掉。

⑤安全使用电热器具。使用电加热设备时，要有人照看。电暖器不能靠近床铺、窗帘、沙发等可燃物，不要用电暖器等烘烤衣物，防止引燃衣物。电热毯使用时间不宜过长，收纳时不可折叠或受潮，否则容易引发火灾。使用电熨斗时不要将其直接放在衣物或其他可燃、易燃物品上，使用后要待其冷却再收藏起来。

⑥安全使用灯具。白炽灯、射灯等要与可燃物保持50厘米以上的距离，不要用报纸、衣物等可燃物包裹灯泡。日光灯、霓虹灯等要防止镇流器高温引发火灾。镇流器安装时应注意通风散热，不能将镇流器直接固定在可燃天花板、吊顶上，应用不燃材料隔开。灯具应挂在一定的高度上，避免碰撞，一般不应低于2米，在正对灯泡的下面，应尽可能不存放可燃物品。厨房、浴室及厕所内必

须选用防水型或防爆型灯具，开关、插座也选防水防潮型或防爆型的。台灯不可放在床头或蚊帐内、床上等使用，要放在桌上并远离纸张、布等可燃物。

⑦注意电动自行车充电安全。电动自行车不能放在室内或楼道长时间充电，防止引发火灾。近几年来，由电动自行车充电引起的火灾事故比例逐渐升高。数据显示，有80%的电动自行车火灾是在充电时发生的，而电动自行车火灾致人员伤亡的，

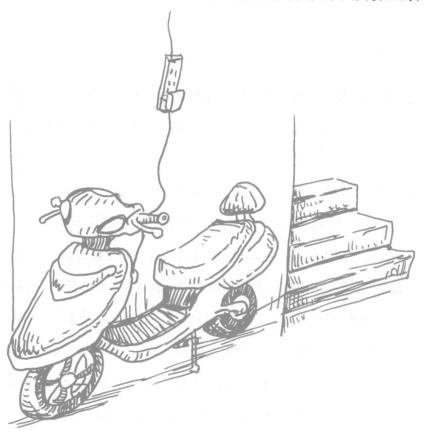

90% 是因将其置于门厅、楼道或过道内。 电动自行车除了车架，其他部分包括轮胎上的橡胶、车身上的塑料、坐垫上的软质包装材料都是易燃可燃物，一旦发生火灾，会产生大量高温和有毒烟雾。如果停放在楼道口或者室内，有毒气体将迅速充斥整个楼道，切断逃生通道，造成很大的危害。

2015 年 1 月 14 日凌晨 3 时 45 分左右，浙江省台州市玉环县玉城街道一小区发生火灾，过火面积约 80 平方米，造成 8 人死亡、3 人受伤，直接财产损失 2 万元。火灾系该楼沿外墙搭建的简易停车棚内的电动自行车电气线路故障引燃可燃物所致。

（3）厨房消防安全

厨房是家庭中使用明火最多的地方，此外，锅里的热油、未及时清洁的抽油烟机、燃气使用不当等都非常容易引起火灾，厨房的消防安全至关重要。

①厨房用火时，要有人照看。炉灶上煨、煮食物时应防止汤汁溢出或水分蒸发后引起燃烧。农村家庭如使用柴火烧饭，做好后要将火彻底熄灭，将灶口旁的可燃物清理干净。大部分厨房火灾

都是在使用明火后人离开所致，因此在厨房操作时要做到人离火熄、电断、气关。

②油锅加热时应严防火势过猛、油温过高造成油锅起火。倒入锅内的食用油不能过多、溢出，以防遇明火或高温起火。

③安全使用燃气。燃气管道、液化石油气瓶不要靠近明火、电源及热源。使用液化石油气瓶时，保持气瓶直立，不要加热、烘烤、摇晃、卧放和暴晒气瓶，严禁从实瓶向空瓶倒灌，严禁随意倾倒残液。不要擅自对燃气管道或灶具拆解、迁移、改装等；使用燃气时要有人照看，随时注意燃烧的情况，防止灶火被沸溢的汤水浇灭或者被风吹灭使燃气泄漏；平时应定期用肥皂水对厨房内的燃气燃油管道、法兰接头、阀门进行检查，切记不可使用明火查漏。每次使用完灶具后，及时关上灶具开关和液化气阀门。

2018年11月17日10时许，福建省莆田市荔城区一出租屋发生火灾，造成屋内一家4口死亡。火灾系瓶装液化气爆燃引起。

④不能在厨房内存放汽油、煤油、易燃易爆物品。做饭时尽量不要穿宽松的睡衣、化纤类的衣服和围裙，以免不小心被引燃。

⑤不要在灶台旁堆放抹布、厨房纸等易燃物。灶具和抽油烟机的尘垢油污等应及时清理，以防止其被火引燃或油脂进入通风管内引发火灾。

⑥不要让儿童在厨房内玩耍，不要让其单独在厨房内烧煮食物。未成年人使用灶具、家电时，需有家长在场指导。家长外出时要把煤气、液化气总开关关闭，不得让儿童开启煤气、液化气。

（4）防止吸烟引发火灾

吸烟不慎是引发住宅火灾的主要原因之一。烟头中心温度高达700—800℃，常见的纸屑、柴草、秸秆、木头、棉纺织品以及人造毛皮、尼龙等合成材料本身燃点低，一旦被烟头接触到，很容易造成火灾。

案例链接

　　2013 年 11 月 11 日，北京市房山区 84 岁老人李某所租住的一楼房间突发火灾，导致李某死亡并殃及住在三楼的邻居张某，致其受伤、其妻女死亡。火灾原因是李某卧床吸烟，不慎引燃床上被褥，蔓延成灾。

　　①不要躺在床上、沙发上吸烟，以免烟头引燃被褥、蚊帐、沙发等可燃物。

　　②不要酒后吸烟，不要乱丢未燃尽的火柴梗，更不要将引燃的烟头随处乱放，不要随意吹弹烟灰，应将烟灰弹入烟灰缸内；烟灰缸内不要放置纸团、纸屑等可燃物。

　　③吸剩的烟头不要随便乱扔，要随手熄灭，并放入烟灰缸内或盛水的盆中，不要丢

在纸篓或垃圾篓里，防止引燃里面的纸张等可燃物。

④不能在使用汽油、油漆等易燃物品时吸烟，不能在加油站等易燃易爆场所吸烟，不要在公共场所吸烟。

（5）日用危险品防火

花露水、香水、发胶、指甲油、摩丝、染发水、灭蚊剂、杀虫剂、空气清新剂、气体打火机、酒精、油漆、香蕉水、汽油等都属于日用危险品，一旦保管、使用或携带不慎，都可能引发火灾。

案例链接

1997年11月28日，某市居民李丽把夏季没用完的灭蚊剂放在暖气片上，灭蚊剂受热后发生爆炸，泄露出来的易燃物质遇到正在燃烧的炉灶明火而造成火灾，李丽也因此受伤。

①选购日用危险品时要购买正规厂家生产的合格产品，慎防假冒伪劣产品。使用前要认真阅读其使用说明和注意事项，并将其危险特性和应注意的事项告知所有家庭成员。

②贮压式的危险生活用品，如打火机、摩丝、灭蚊剂、空气清新剂等物，要放在阴凉、通风、干燥处和家中孩子看不见、拿不到的地方，不可靠近热源、火源，防止太阳暴晒或使用热水、火源或

其他方式对日用危险品进行加热，避免摔砸、碰撞、挤压，以防其因泄漏造成爆炸起火。

　　③家中最好不要存放汽油，如需少量存放，要严格控制数量，不能超过0.5升。汽油要储存在金属容器内，不能用玻璃瓶、塑料桶，而且必须拧紧盖子，防止汽油蒸气外泄。

　　④使用灭蚊剂、杀虫剂、空气清新剂、花露水、香水、摩丝、酒精等易燃液体和蒸气型的日用危险品时，一定要远离火源和电源，千万不能对着点着的蚊香、点了火的灶具喷；如需使用电吹风，要在使用这些日用危险品后的3—5分钟后进行；涂了花露水后千万

不能点蚊香、点烟或进厨房做饭等，也不可接近或立即使用明火，要等其挥发和扩散后方可进行，防止其遇火源起火或爆燃。

⑤在从事装修作业时，一定要把油漆、香蕉水、胶水等物品置于阴凉避光处。油漆、香蕉水在大面积涂刷墙壁、地板时会产生大量的易燃蒸气，与空气混合后易形成爆炸性混合物，达到一定浓度时遇明火会爆炸。因此，作业时不可吸烟和动用明火，要打开门窗通风，降低易燃蒸气的浓度。

⑥要教育儿童不要随便玩弄电池、打火机、灭蚊剂、空气清新剂之类的日用危险品。

（6）防范居民自建房火灾

居民自建房屋本身往往存在着电气线路敷设不规范、消防疏散通道和安全出口不足、缺少防火分区等先天性消防安全隐患，加之规模不等、使用性质多样，而且有的房屋连片建设等，因而造成不少区域性消防安全问题。更有甚者，在自建房内设置经营性的人员密集场所、生产加工场所、超市、饭店等，这些场所从业人员消防安全意识薄弱，抵御火灾能力较低，极易发生火灾事故。

案例链接

2019 年 5 月 5 日，广西桂林市广西师范大学漓江学院对面的民房因一楼楼梯间电动自行车充电起火，造成5人死亡、38人受伤，其中5名遇难者及24名伤者均为广西师范大学漓江学院学生。起火的民房为自建房，共6层，其中3—6层是出租房。

①严禁使用彩钢板建筑，严禁在出租房屋内设置公共娱乐场所和库房。

②厨房、卫生间、阳台和地下储藏室不得供人员居住。

③室内装修不得使用易燃、可燃材料，出租房屋的内部隔墙应当采用不燃材料并砌筑至楼板底部。

④安全出口和疏散通道应当保持畅通，严禁在通道、出口处和管道井内堆放各类物品；居民自建房内设置的出租房屋，安全出口、

疏散通道的数量应当符合消防安全要求。

案例链接

　　2018 年 1 月 19 日 20 时许，四川省资阳市雁江区一小区一楼楼道内杂物起火。消防部门出动 7 辆消防车、35 人赶到现场将火扑灭，并疏散出 24 名被困人员。火灾造成 8 人受伤。

　　⑤ 3 层及 3 层以上的出租房屋，疏散楼梯不得采用木楼梯或者未经防火保护的室内金属梯。

　　⑥房间的窗户或阳台不得设置金属栅栏、防盗窗，确需设置的，应能从内部易于开启。

　　⑦严禁在室内或门厅、疏散通道、安全出口、楼梯间等共用空间停放电动自行车或为电动自行车和电瓶充电，应在室外或独立区域集中停放和充电。

　　⑧除厨房外，其他部位不得存放、使用液化石油气罐；高层建筑内的出租房屋严禁使用瓶装液化石油气。

2. 学会查找火灾隐患

　　火灾隐患，是违反消防法律法规，可能导致火灾发生或火灾危害增大，并由此可能造成火灾事故后果的各类潜在不安全因素。

经常检查并消除家里的消防安全隐患，才能保障住宅的消防安全。

（1）居家消防安全 25 问

以下是居家火灾隐患排查中的 25 个常见问题，可以据此对住宅中的消防安全状况进行检查。

①家中所用保险丝是否有用铜、铁丝代替的现象？

②家中电线是否有老化、破损现象？

③电线是否按要求套管铺设？

④电线是否乱拖、乱接？

⑤家用电器出现故障后是否继续使用？

⑥家中若使用移动式加热器等加热电器，它们摆放在安全位置了吗？是否与人、窗帘和家具保持了足够的距离？

⑦使用的电器、插头、插座是否质量可靠？是否牢固？电器线路上的插座是否符合新国标要求？

⑧火柴、打火机等物品是否放在儿童不易取到的地方？

⑨炉灶有火时，总有大人留在厨房吗？

⑩住宅中是否严格禁止卧床吸烟？丢掉烟头、处理烟灰缸之前是否确定香烟已经熄灭？在上床睡觉前，是否保证熄灭了所有烟头？

⑪就寝或出门前，是否关掉了电源开关、熄灭了香烛等明火？是否关掉了燃气炉灶开关？

⑫易燃、易爆（汽油、酒精）物品存放是否靠近火炉、燃气炉灶？

⑬住宅中使用的瓶装液化气阀门、管道、接头是否有漏气现象？

⑭ 住宅中、楼梯、阳台是否存放有易燃、可燃物？

⑮ 家中的废纸、书报是否经常清理？

⑯ 住宅是否用木板等易燃材料进行装修或分隔？

⑰ 是否在家从事易燃易爆物品生产、加工、经营活动？

⑱ 家里每个房间是否都计划了不同的逃生路线？每条路线是否都畅通无阻？住宅里是否张贴了逃生疏散路线图或者逃生自救常识资料？

⑲ 是否备有灭火毯、手电筒、逃生绳等逃生自救器材？

⑳ 家里的防盗窗是否有逃生出口？

㉑ 住宅楼道是否堆放杂物？是否有疏散指示标志？是否配置了灭火器？

㉒ 是否在楼道里停放电动自行车并通宵充电？

㉓ 住宅里的每个成员是否接受过消防安全知识教育培训？

㉔ 一旦发生火灾，每个成员是否都知道正确、快速地拨打119火警电话？

㉕ 每个住宅成员是否都清楚火灾逃生第一准则——让所有人尽快撤离火场，并且不再返回火场？

（2）自查火灾隐患，三类住宅有区别

住宅主要分普通楼房住宅、庭院式住宅和高层住宅三种，自查火灾隐患的范围和内容也应有所区别。

对于普通楼房住宅，主要检查住宅内电气线路是否安全，是否乱接乱拉；家用电器使用是否安全、规范，散热情况是否良好；家庭燃气管线是否老化，燃气罐是否需要检修，连接是否牢靠，可燃物是否太接近热源。

庭院式住宅，主要排查电气线路是否安全，通烟管及烟道位置是否合适，砖砌烟囱是否安全，烟囱是否有裂缝，是否会漏出火星，附属建筑物及庭院是否清扫，庭院是否堆有可燃物。

高层住宅是三类中的重点。居民自查时，重点看电器是否有超负荷用电现象；燃气管道、仪表、阀门等是否有损坏或有燃气泄漏。此外，阳台上也不应堆放易燃物品，更不能存放汽油、酒精、香蕉水等易燃物品。

2015年7月11日23时30分左右，湖北省武汉市汉阳区龙阳大道紫荆佳苑小区一栋住宅楼电缆井突发火灾，造成7人死亡，12人受伤。

3. 制订居家火灾疏散逃生计划

平时要制订火灾逃生计划并组织住宅内全体成员进行演练，防患于未然。制订火灾逃生计划可以用以下七个步骤。

第一步：画一幅住宅的平面图。如果房子超过一层，则每层都要画平面图。

第二步：标出所有可能的逃生出口。要把所有房门、窗户、楼梯都标注在图上，这样能让全体人员对紧急情况下的逃生路线一目了然。同时标注房屋附近的疏散楼梯。

第三步：尽量为每个房间画出两条逃生路线。住宅内每个房间要设计两条不同的逃生路线：第一条可经房门出去，通向阳台、楼梯等安全疏散通道；第二条路线，若房门被大火和浓烟封堵，可从窗户出去。要确保所有的窗户能自如开启，并且每个人都清楚逃生路线。如果窗户安装了防盗锁，那么一定记得把钥匙放在便于立刻拿取且每位成员都知道的地方，或者准备好锤子等能够快速破窗的应急工具。

第四步：考虑紧急情况下住宅内需要帮助的小朋友、老年人、残疾人，指定专人负责帮助他们逃生。

第五步：在户外确定一个会合点。在住宅外面确定一个所有

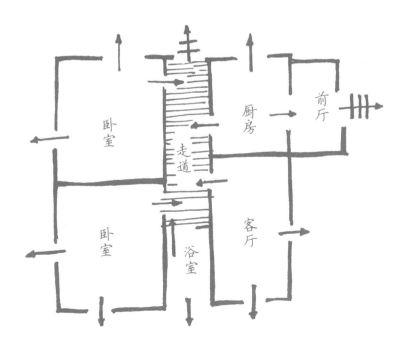

人都知道的逃生会合点。比如一棵树、一根电线杆等，若火灾发生，住宅内所有成员逃出后直接到会合地点集中。

第六步：最好在户外打电话报警。不要在住宅内打电话报警，浪费宝贵的逃生时机。

第七步：要按照火灾逃生计划进行演练。住宅内全体成员要熟悉火灾逃生计划，最好熄灯后躺在床上，模拟火灾发生时试着从每个房间徒步走向逃生出口，以确定所有逃生出口是否可以正常使用。最好每年做1—2次这样的演练，一旦火灾发生，所有成员就能在烟、火封堵逃生路线前准确并快速地疏散逃生。

4. 住宅火灾逃生避险

住宅楼里一旦发生火灾，不要贪恋财物，应根据火场不同的情况，在疏散逃生与避险之间做出正确的选择，然后尽快行动。

（1）正确选择逃生还是避险

①如果自己家里发生火灾，要尽可能勇敢地冲出去，逃离起火房间，逃出去后关上失火的房间门，并打电话报警。

②如果深夜或凌晨楼内公共空间或其他住户家中起火，要正确选择是逃生还是避险。首先摸户门门背或门把手，确定楼道是否被高温的浓烟封锁。如果门背或门把手发热，意味着楼道已被浓烟封锁，不能盲目向室外逃生，要在室内避险；如果不发热，意味着可以从楼道、楼梯逃生。按照以下步骤和方法逃生：

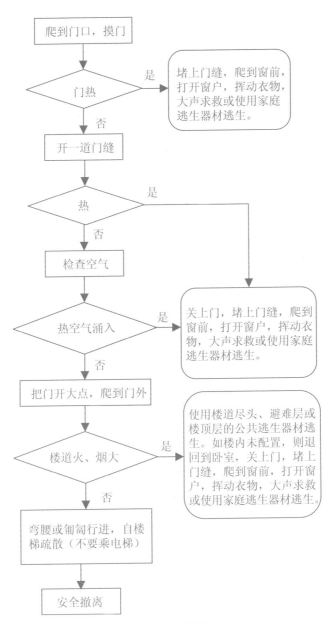

住宅火灾逃生的步骤和方法

③如果高层住宅外墙保温材料起火，应尽快通过楼道逃生。

④高度超过 100 米的超高层建筑还设有避难层，发生火灾时，也可以去避难层躲避。

⑤注意防烟。火灾中烟气比空气轻，在楼道里先沿天花板蔓延，再逐渐往下扩散。疏散逃生时要视烟气层的高低采取直身、弯腰或匍匐前进等正确的行进姿势快速撤离。呼吸换气时要小又浅从而尽少吸入烟气。不能乘电梯、自动扶梯。群体疏散时应有序，行进时要疾走，不能奔跑，以免发生踩踏事件。

⑥如果发生火灾的地点位于自己所处位置的上层，此时应向楼下逃去，直至到达安全地点。如果发生火灾的地点位于自己所处位置的下层，且向下逃生的通道遭到堵截，应尽快往楼上逃生，选择在楼顶平台等待救援。

另外，为了在发生火灾时能够安全疏散逃生，住宅里的全体居民平时要做好安全准备工作。

①不在楼道和门厅里堆放杂物，停放电动车。

②每个家庭都要制订疏散逃生计划。

③窗口、阳台上如果安装防盗窗，窗上要有逃生出口，逃生出口的钥匙要放在全家人都知道的地方。

④家住顶层和离顶层一二层的居民平时要确定通往屋顶平台的门是否上锁。如果上锁，发生火灾时就不能往屋顶平台逃生。

⑤要积极参加社区组织的疏散逃生演练。

⑥高层住宅的全体居民要共同确保常闭防火门保持关闭。

⑦ 100 米以上的超高层住宅的居民应该知道，一旦发生火灾，自己可以在哪个避难层避险，并实地考察该避难层。

第四章

学校火灾防范与逃生

1. 学校火灾的危险性

学校是莘莘学子学习、活动的场所，是教师教书育人的地方，也是人员密集之处，大多是消防安全重点管理单位。孩子是国家的未来、家庭的希望，学校的消防安全事关广大师生的生命安全，决不能掉以轻心。

2007—2017年，全国共接报学校火灾10153起，亡9人，伤11人，直接财产损失4283万元。其中，因电气引发的占41.6%，用火不慎引发的占17.7%，吸烟引发的占4.8%，玩火引发的占4.2%，生产作业引发的占3.1%。全国学校火灾总量较高、电气和用火不慎引发的火灾偏高，应该引起高度重视。

一般来说，学校具有以下火灾危险性：

①用火用电多，易引发电气等火灾事故。教室、礼堂、报告厅、学生宿舍等用电设备多，容易发生电气等火灾事故；学校食堂用火、用电、用气频繁；学生宿舍可燃物多，一旦发生火灾，蔓延迅速，不利于扑救和人员疏散。

2008年5月5日，中央民族大学一女生宿舍发生火灾，该宿舍楼可容纳学生3000余人，火灾发生时大部分学生都在楼内，所幸消防员及时赶到将千余学生紧急疏散，才没有造成人员伤亡。火灾系宿舍内接线板部位所插电器插头连接不规范且长时间充电造成短路引发的。

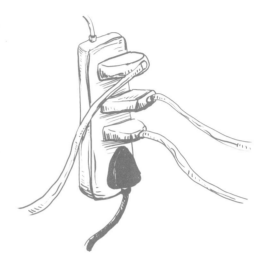

②学生的不良消防安全习惯容易造成火灾隐患。违规吸烟和使用明火；违规使用电器及私拉乱接电线；危险日用品保管、使用不当；电动自行车停放、充电不规范等。

2001年5月16日，广州市一所寄宿学校发生火灾，造成8名

正在准备高考的学生死亡、25 人受伤。火灾是未熄的烟头引燃了一间休息室的沙发后引起的。

2008 年 11 月 14 日，上海商学院一宿舍发生火灾，宿舍内 4 名女大学生从 6 楼跳下当场身亡。火灾系违规使用热得快所致。

③实验室易燃易爆物品集中。管理不严格，试验操作不当，未能安全用火、用电或没有安全储存和处理化学危险品，就可能引发燃烧、爆炸事故。有的实验本身还具有火灾危险性。

案例链接

2018 年 12 月 26 日，北京交通大学一实验室发生爆炸，造成 3 名参与实验的研究生不幸遇难。事故原因是学生在使用搅拌机对镁粉和磷酸搅拌、反应过程中，料斗内产生的氢气被搅拌机转轴处金属摩擦、碰撞产生的火花点燃，继而引发事故。

④一些学校消防安全投入不足，有的建筑耐火等级低，电气线路陈旧老化，存在先天性火灾隐患。

案例链接

2003 年 11 月 24 日，俄罗斯人民友谊大学 6 号学生宿舍楼发生火灾，造成 41 名外国留学生死亡，近 200 人受伤。其中，中国留学生 11 人死亡、46 人受伤，其中有几名中国学生在火灾时乘电梯逃生被困窒息而亡。经调查，起火原因为电线短路。

⑤玩火可能引发火灾。中小学生好奇心强，容易受好奇心驱使玩火，如划火柴，玩打火机，焚烧纸张、树叶，燃放烟花爆竹等，容易引发火灾。

⑥重点部位人员高度集中，发生火灾时不利于疏散逃生，容易引起群死群伤事故。

休息时间的学生宿舍、上课时的教室、下课时的走道和楼梯内、开会时的礼堂、报告厅等都是人员集中的地

方，一旦发生火灾，疏散困难，极易造成人员伤亡，也容易发生拥挤踩踏等事故。学校如果管理不当，如宿管人员在宿舍内烧饭，关闭图书馆、礼堂的消防安全出口，在学生宿舍加设防盗门、防盗窗、防护栏，堵住逃生通道等，更容易带来新的消防安全隐患。

一切火灾的产生都是由于物的不安全状态和人的不安全行为造成的，教室、实验室、宿舍、礼堂、报告厅是学生在校园里的主要活动场所，防范火灾要重点关注这些部位。

2. 教室火灾防范与逃生方法

（1）教室的火灾隐患

①电气线路老化或超负荷，特别是有些学校因建校时间长，存在着一些老建筑，或者有的农村学校建筑耐火等级低，存在着电气线路老化或超负荷等火灾隐患。

②使用大功率照明灯或取暖器具靠近易燃物，容易因长时间烘烤导致起火。

③违反操作规程使用电教设备，容易引发火灾。

④放学后不及时关掉照明设备或其他电器，电器或照明灯具开关被人为乱按，容易因短路而引发火灾。

⑤教室门不畅通或只开一个门，一旦发生火灾，影响人员疏散，容易造成伤亡事故。

（2）如何预防教室火灾

①学生要具有消防法制观念，自觉遵守消防安全规章制度，不携带火柴、打火机等火种进入校园和教室，更不可携带烟花爆竹、汽油等易燃易爆物品进入教室。不在教室内玩火、点蜡烛，不在教室和楼道内焚烧纸张、垃圾、树叶等。

②保证教室的前后门畅通，保证校园室外疏散楼梯和每层出口平台、通道畅通。严禁锁闭安全门，不在楼道、门口堆放杂物，学生不在楼道和教室门口逗留、打闹，以免影响疏散。

③按照规定安全使用教室的电化教学设备等仪器设备、安全使用取暖设备、空调、电风扇等电器，发现其出现异常要及时请有资质的电工修理。不乱摸乱动教室里的仪器设备，不乱按电器旋钮开关，不乱拉乱接电线，人离开时要关掉教室的电器和照明开关。

④课堂试验用的易燃易爆化学品，用完后立即带离教室，不得在教室内存放。

⑤冬季如使用火炉等明火取暖，要远离课桌、木质门窗等，有专人负责看管，做到火着有人在、火熄人再走；不能使用汽油、柴油等易燃物生火或助燃；不能在火炉里焚烧纸张等杂物；烘烤衣物时要与火炉保持一定的距离；炉灰要彻底晾凉后再倒入垃圾箱。电热取暖设备要远离可燃物。离开教室前要熄灭火炉、关掉电热取暖设备。

⑥爱护学校的灭火器、消防安全标志等公共消防设施，确保其完整好用，发现损坏要及时向老师或相关人员报告，发现他人有损坏行为要及时制止。

⑦结束一天的学习后，学校相关人员要对教室进行一次安全巡查，确保灯灭、电关。

（3）疏散逃生方法

①教室一旦失火，要立即向教室外逃生，不要收拾书包等物品，不要惊慌拥挤，要在老师的指挥下，互相帮助，快速、有序逃生。

②在火势尚小时，要按照疏散指示标志，沿着疏散楼梯向楼下跑。十八岁以上的学生，也可立即用教室里配备的灭火器灭火自救，或用衣物将火压灭。

③如果火势发展，教室里已充斥大量烟气，撤离时可用手绢、

衣袖等捂住口鼻，并弯腰低姿快行，防止烟气侵袭。

④如果是别的教室失火，当火势尚未充斥在楼道里时，应立即离开教室，迅速进入安全通道向外疏散。

⑤如果烟火封住下撤的楼道、疏散通道时，可迅速撤往楼顶平台，等待救援。

⑥如果无法向下和向楼顶疏散时，可以尽量躲到燃烧物少、受烟火威胁较小的教室，想办法将向火的门窗关闭，用抹布、窗帘等堵住缝隙，收集教室内的一切水源浇湿门窗，等待救援；如果身处二三层教室，也可用窗帘、衣物等拧成长条，制成安全绳，一头拴在暖气管上或桌椅腿上，两手抓住安全绳，从窗口缓缓下滑，

不过此种方法危险性较大，不到万不得已不宜使用。

⑦如果一层教室失火，烟火封住教室门时，可从窗口跳出去。如果起火的教室是平房，也要尽量从窗口逃生，平房着火后容易坍塌，要勇敢地向室外逃生。

知识小百科

身上着火时不要惊慌奔跑，可用六字方法：站住、躺倒、打滚，压灭火焰，打滚时最好用手蒙住脸部；也可脱下着火的衣物，用脚踩灭；或者由别人用毯子等物裹紧身体，把火压灭。

3. 实验室火灾防范与逃生方法

（1）实验室的火灾隐患

①实验室可燃物、化学危险品多，具有易燃易爆的特性。一些实验设备、电气线路长期在高温高压下运行，存在一定的火灾风险性。还有一些实验本身就具有火灾或爆炸危险性。

②危险化学品保管、存储和使用不当易导致事故的发生。一些实验室没有正确保管和规范使用易燃

易爆危险化学品，容易导致其产生反应发生燃烧、爆炸事故。

③实验设备、设施操作不当易导致事故的发生。使用带电设备、仪器仪表等设施、设备或者实验过程操作不当等因素，可能引发泄漏、自燃、静电火花、爆炸燃烧等，从而引发燃烧爆炸事故，造成严重后果。

2015 年 12 月 18 日，清华大学化学系一实验室起火，过火面积 80 平方米，造成 1 名正在做实验的博士生身亡。火灾系易燃气体泄漏后，钢气瓶倒地碰撞产生火星从而发生易燃气体爆炸所致。

④初起火灾扑救不当会导致小火酿成大灾或爆炸事故。实验室内很多固体、液体物质、危险化学品、电器设备等并存，一旦起火，如使用的扑救方法不当，或使用了错误的灭火方法，会导致火势迅速蔓延，小火酿成大灾，甚至发生爆炸。

（2）如何预防实验室火灾

①严禁将非实验用的油漆、香蕉水、汽油等易燃易爆化学危险物品和火柴、打火机等火种带入实验室。严禁在实验室内外吸烟，

严禁使用明火。实验室内使用电炉、酒精灯等必须确定位置，定点使用，周围严禁有易燃物。

②实验室内使用的易燃易爆化学危险物品，应随用随领，不能在实验现场存放；零星备用的化学危险物品，应由专人负责，存放在铁柜中。

③使用电烙铁要放在不燃支架上，周围不要堆放可燃物，用后立即拔下插头。有变压器、电感线圈的设备必须设置在不燃的基座上，其散热孔不应覆盖或放置易燃物。实验结束时应将实验室的电源切断。

④上实验课时要在老师的指导下进行，实验过程中要以科学的态度和对自己及他人生命安全负责的精神，严格遵守各种安全操作规程和化学物品保管使用规则。实验台上不应堆放与实验无关的物品，实验完毕及时清理。实验期间不得擅自离开实验现场。

知识小百科

不要随便乱动或者自行配置化学药品，不要用正在燃烧的酒精灯去点燃另一只酒精灯，不要在酒精灯燃着时添加酒精。

⑤加强安全用电管理。实验时用电量不应超过额定的用电负荷，实验台上应设置固定电源插座，各种电源、高压和稳压装置以

及各种测试仪表之间的线路应穿管敷设，不得临时乱接乱拉电线，不得擅自改装电气设施。使用电炉等电热设备时要放置在安全位置，并确定专人看管，严禁在其周围堆放可燃、易燃物品，做到人走电断。

⑥要经常检查实验室内的电气线路、油路油箱、设施设备的完好情况。实验室要按规定配备相应的灭火器材，保持疏散通道畅通。做实验要掌握一定的逃生自救消防知识，做好扑灭初起火灾的准备。

（3）疏散逃生方法

①实验室发生火灾，首先应用配备的灭火器材正确灭火，如果不行，应立刻选择向室外逃生，不要惊慌、犹豫，不要花时间寻找、拿取物品等。逃离火场时，应尽量捂住口鼻，弯腰低姿行进。

②如果发生爆炸等意外，首先蹲下，利用有一定高度的实验台等，躲避爆炸飞出的杂物，爆炸过后迅速向室外逃生，并沿着安全疏散通道逃至安全地带。不能乘坐电梯。

③如果烟火封住了门，应该尽量想办法从窗户等出口逃生，实在不行，应尽可能在室内控制火势，洒水降温，发出呼救信号，等待救援。

④在火未扑灭之前，不要重返火场。

4. 学生宿舍火灾防范与逃生方法

（1）学生宿舍的火灾隐患

①吸烟和使用明火不慎容易引发火灾。一些学生习惯于卧床吸烟，甚至酒后卧床吸烟，还随意乱丢未熄灭的烟头，这些行为极有可能引发火灾事故。有些学生在宿舍停电后会使用蜡烛照明，违规使用酒精灯做饭，用液体酒精吃火锅、烧烤食物等，甚至在宿舍里或者楼道、厕所内焚烧纸张等杂物。稍有不慎，这些明火都有可能迅速引燃周围可燃物而引发火灾。

1997年5月23日，云南省富宁县一学校因学生在床上蚊帐内点蜡烛看书时不慎碰倒蜡烛引起火灾，造成21名学生死亡、2名学生受伤，烧毁宿舍24平方米，直接经济损失1.5万元。

②电器使用不当或违规使用容易造成火灾事故。如用纸张、布或其他可燃物遮挡灯具；手机长时间通电，充完电后仍将充电器留插在电源插座上；把通电的手机、接线板放在床上或者其他易燃可燃物品上；在同一个插座上使用过多的大功率用电设备；使用电吹风、电热毯、热得快等电器设备后不关掉开关或不拔掉插头；停电后或离开宿舍时不切断电源；违规使用电炉、电饭锅、微波炉等大功率电器等，这些都容易引起火灾甚至爆炸事故。

2003年2月20日，武汉大学测绘校区一男生宿舍3楼突发大火，火借风势瞬时吞噬了3楼22间宿舍，整个楼层烧得只剩下断壁残垣。起火原因为学生在宿舍违规使用大功率电器。

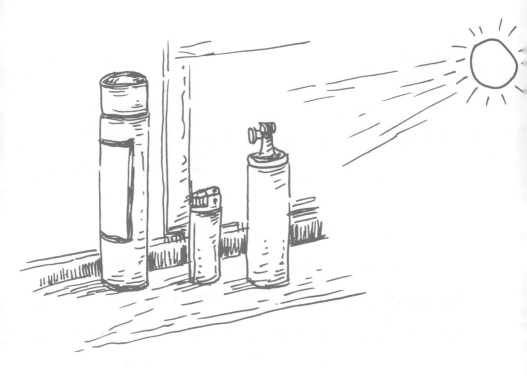

③私拉乱接电线造成火灾和安全隐患。有些学生私拉乱接电线，有的甚至私接宿舍公共区域的电源，极易因线路超负荷而引发火灾事故，或者因操作不规范造成触电等。

④危险日用品保管、使用不当也会引发火灾。如使用摩丝、指甲油、发胶、花露水、香水、灭蚊剂等不注意远离蚊香、烛火、烟头等火源；使用蚊香没有远离蚊帐、床铺等可燃物，没有放在铁架子或瓷盘里；将杀虫剂、打火机、罐装的空气清新剂等放在受到高温或太阳照射到的位置等，都容易引起火灾、爆燃等。

2016 年 8 月 17 日，烟台大学一学生公寓因学生在宿舍点燃蚊香后外出，蚊香引燃了可燃物导致整个宿舍全部被烧毁。宿舍楼300 多人在浓烟中撤离，所幸没有人员伤亡。

⑤电动自行车充电不规范造成火灾事故。电动自行车长时间充电或者使用不匹配的充电器，都容易发生火灾。如果将电动自行车放在楼梯间、走道，甚至把电动自行车推入室内充电，一旦发生火灾，火焰和浓烟会封堵建筑的安全出口、逃生通道，容易造成人员伤亡，甚至群死群伤。

（2）如何预防学生宿舍火灾

①使用安全电器，购买正规的电源插座、台灯等物品。

②不使用热得快、电炉、电炒锅、电水壶等大功率电器以及电热毯、暖手宝等额定功率虽然小于 500W 但存在严重安全隐患的小电器。使用电吹风等注意远离纸张、棉布等易燃物品，使用后拔除插座，待其冷却后收纳保存。不要使用国家已经明令淘汰的万用插座接线板，应使用符合新国标的接线板，同一个接线板上不能连接取暖器等多个大功率电器。

③不违规使用明火，不使用蜡烛等明火学习、寻找物品，不焚烧信件杂物，不卧床吸烟和乱扔烟头，不使用酒精炉等器具。

④离开宿舍前拔掉所有充电器，拔掉所有电源插头，关掉照明灯具。

2006 年 10 月 8 日，中国地质大学（武汉）北校区一男生宿舍发生火灾，校方保卫人员用灭火器及时扑救，4 个床位烧毁了 2 个。起火时寝室里没有人，台灯没有关闭，系电线短路引发火灾。

⑤台灯不能放在床头、蚊帐内或床上等处使用，要放在桌上使用，使用时不能用纸张、布等遮挡并远离可燃物。不把手机放在床上充电。充完后要将充电器拔离插座。

⑥不擅自变动电源设备，不私拉乱接电线。电源接线板不应放在床上，电线不要与床架等金属物接触。

⑦不存放煤油、汽油等易燃易爆物品。指甲油、发胶、花露水、香水、灭蚊剂等储存时应远离火源或者避免靠近暖气，使用时应当避开火源。在燃着的蚊香、蜡烛、烟头附近不能使用花露水。使用蚊香时要把蚊香放在金属制的托架上，并远离窗帘、花露水和书本等可燃物。

2005 年 11 月 2 日，北京林业大学一学生宿舍楼 3 楼发生爆炸起火，2 名研究生在大火中丧生。起火原因为汽油爆炸。

⑧在指定的充电区域为电动自行车充电，不能把电动自行车停在楼道内、楼梯口甚至推入室内充电，不能长时间给电动自行车充电，要使用和电动自行车匹配的充电器，不能用不同品牌的充电器混充。

⑨爱护宿舍楼内的消防设施，不占用、堵塞消防疏散通道。

⑩留意宿舍楼内的消防器材放置地点和使用方法，熟悉宿舍楼内出口和安全通道的指示方向。学习正确的逃生自救方法，居安思危。

（3）疏散逃生方法

①火势初起时，立即用自来水、湿毛巾灭火自救；如火势已大，要立即逃出房间，关闭房门，大声呼喊向其他同学示警并迅速拨打"119"电话报警。

②一层宿舍失火，烟火封住出口时，可从窗口跳出去。如在其他楼层的宿舍，烟火封住宿舍门时，应将宿舍门紧闭，用衣被堵塞门缝，用水浇淋房门，打开窗户呼救，等待救援。不要盲目跳楼。

知识小百科

身处二三层宿舍的学生，如受烟火威胁严重，被迫跳楼时，可首先向地面上抛下一些棉被、床垫，然后手扶窗台往下滑，以缩小跳楼高度，并保证双脚首先落地；有能力的学生，可用床单、被套、窗帘制成安全绳，从窗口缓缓下滑，不过此法有一定的危险性，不到万不得已不建议使用。

③楼上或同一楼层别的宿舍着火，火势尚未蔓延至楼道时，应立即离开宿舍，迅速通过安全通道向外疏散。从高层宿舍撤离时，不要乘坐电梯。

④楼下宿舍着火，当烟火封住下撤楼道、大门时，可撤往楼顶平台，等待救援。

⑤逃生时要尽可能捂住口鼻，防止烟气侵袭。

⑥在窗口、阳台、房顶或避难层处固守待援时，可采取向外大声呼叫、敲打金属物件、投掷细软物品、夜间打开手电筒和打火机等发出求救信号，以便得到救援。

5. 礼堂、报告厅火灾防范及逃生方法

（1）礼堂、报告厅的火灾隐患

①一般来说，礼堂、报告厅电气设备多、用电负荷大，容易因线路老化等发生电气火灾。

②大功率照明灯靠近幕布或易燃装饰物品容易引发火灾。

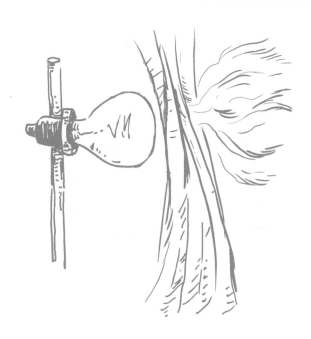

案例链接

1994年12月8日，新疆克拉玛依市友谊馆发生恶性火灾事故，造成325人死亡、132人受伤。其中中小学生288人，火灾就是在演出过程中，舞台纱幕被光柱灯烤燃造成的。

③有些活动使用明火或易燃易爆物品，如烛光晚会点燃蜡烛、演出时使用烟火等，如使用不慎容易引发火灾。

④有的礼堂和报告厅装修、装饰使用可燃材料多且毒性大，会使火灾危险性大大增加，且燃烧后容易产生大量有毒气体。

⑤有的安全门、防火通道不畅，有的开会时为了保持会议纪律锁闭安全门，有的场馆内严重超过额定人数等，都会带来较大的安全隐患。

（2）如何预防礼堂、报告厅火灾

①遵守公共场所秩序，不吸烟或随地丢弃烟头、火种；不使用明火照明；不随意乱跑，不随意到放映室、舞台或后台触摸开关按钮等。

②学校应定期检测电气设备，对破损、老化、绝缘不良的电气设备及时维修和更新，加强对电源和照明灯具等设备设施的管理，

严防火灾发生。

③按照相关规范要求装修、装饰礼堂和报告厅，从源头上减少火灾的发生。

④要严格控制观众人数，保证其不超过额定座位数并严禁吸烟；严格控制使用明火和易燃易爆物品包括氢气球。

⑤要保证疏散通道的畅通，不得封锁安全出口。保证应急疏散、照明等装置的正常使用，确保在紧急状态下的指示、照明。

⑥应制定切实可行的疏散应急预案，并组织师生认真进行演练。

（3）疏散逃生方法

①进入礼堂、报告厅要自觉遵守消防安全制度，服从老师或工作人员的管理。留意场馆的安全疏散通道和安全出口的位置及疏散指示标志，一旦发生火灾，要按照工作人员的引导，有序撤离。平时注意学习消防安全知识，学会逃生自救。

②发生火灾应保持冷静，避免大声呼喊，防止烟雾吸入口腔；逃生过程中也要尽量防止烟气中毒。

③迅速沿消防安全指示标志向最近的出口逃生，视烟气层的高低采用低姿行走或匍匐的姿势撤离。在烟气较大时，用手绢、衣袖等捂住口鼻，以减少烟气侵入。同学之间要互相帮助，有序撤离，避免因惊慌混乱而堵塞通道、互相踩踏等。

④有些礼堂安装了应急排风按钮，出现紧急情况时，可打开

通风设备，排出有害气体。紧急出口大门用力即可撞开。

　　⑤当大门被烟火封住，紧急出口打不开时，如礼堂、报告厅在一层，可跳窗出去。如在二三层，可用窗帘布、地毯等制成安全绳，缓缓下滑。此种情况具有一定的风险，不到万不得已或不具备此能力的同学，不建议使用。如果卫生间具备暂时避难的条件，也可躲进卫生间暂避，并想办法通知救援人员，固守待援。

第五章

公共场所火灾防范与逃生

公共场所，泛指公众经常活动的场所，由于其是开放的场所，因此人员密集且流动量大，建筑体量大，火灾荷载大，一旦发生火灾，往往会造成重大人员伤亡和财产损失。2017年，我国公共场所共发生火灾17000余起，亡138人，伤156人，直接财产损失约4.4亿元。

1. 公共场所的火灾危险性

①公共场所建筑体量大、空间大，许多公共场所一味追求装修效果，室内装修、装饰时大量使用可燃或易燃材料，致使火灾荷载大幅增加，加大了发生火灾的概率和危险。

②用电设备多，着火源多，不宜控制。公共场所照明和音响设备多，有些场所营业时还使用明火或热源，甚至有的流动人员吸烟、乱丢烟头或玩火等，很容易引起火灾。

③火灾蔓延快，扑救困难。公共场所由于空间巨大，

空气流通快，一旦发生火灾，蔓延迅速，造成扑救困难。尤其是大跨度的建筑，更是如此。

案例链接

2018 年 8 月 25 日，黑龙江省哈尔滨市太阳岛景区北龙汤泉休闲酒店因电气线路短路引发火灾事故，造成 20 人死亡、24 人受伤，过火面积约 400 平方米。

④人员集中，疏散困难，易造成人员的重大伤亡。即使是小的火灾事故，也会导致人们惊慌失措、相互拥挤，不能及时疏散逃生，甚至出现踩踏事故，从而造成重大人员伤亡。

2. 公共场所火灾防范和逃生

①预先防范。进入公共场所，首先要了解自己所处场所位置、了解疏散出口和疏散通道、了解场所的消防安全标志、了解消防设施器材位置。熟悉自己近旁的疏散通道、安全出口和逃生路线，观察公共场所的环境，以免发生火灾时措手不及。

②不携带火种、易燃易爆物品到公共场所。不随便乱动公共场所的电气设备和其他设施。不使用明火，不随便丢弃废纸等可燃物。

③沉着冷静。一旦遇到火灾等突发性事件，一定要沉着冷静，仔细观察现场情况，判断自己所处位置，快速逃生。

④寻找最近的安全出口和安全通道。一旦发生火灾，要按照疏散指示标志的方向，寻找离自己最近的安全出口和安全通道，迅速撤至室外安全处。

⑤互相帮助，有序撤离。公共场所组织统一疏散时，要听从工作人员的指挥，有序撤离火场，切忌胡乱奔跑、叫喊拥挤。遇到不顾他人死活的行为和前拥后挤现象，要坚决制止。有能力时帮助一下同行的老、弱、病、孕、幼等火灾高危人员。只有有序地迅速疏散，才能最大限度地减少人员伤亡。

⑥视烟气层的高低低姿或匍匐前进，并用湿毛巾、湿布等捂住口、鼻，从逆风的方向逃生。

知识小百科

切记：湿毛巾虽然可以在一定程度上起到降温和滤尘作用，但是作用有限，不能用以穿过有毒烟气逃生。

⑦不能乘坐电梯或者自动扶梯，应从疏散楼梯逃生。

⑧在可能的情况下，逃生时一边跑一边敲门通知其他人逃生。如果有警铃开关，应立刻按动报警。

⑨在逃生中发现安全出口堵塞或上锁、楼道被火势封死、疏散通道无法使用等万不得已的情况下，如果公共场所配置有缓降器、逃生滑道、固定式逃生梯等建筑外逃生避难器材，应使用它们有序逃生。

⑩如果被浓烟烈火围困，千万不要惊慌，更不能盲目跳楼。一定要保持镇静，要利用一切可以利用的有利条件，选择正确的逃生方法：

利用建筑物内的防烟楼梯、封闭楼梯、消防电梯进行疏散逃生；

如果门窗、通道、楼梯等被烟火封住，应利用建筑的阳台、通廊、避难层、观光楼梯避难；

　　如果离楼顶较近，可直奔楼顶平台或阳台，发出求救信号，等待救援，但要在确保通往楼顶平台的通道没有上锁的情况下。

　　以下场所除遵循一般公共场所火灾的逃生方法外，还有需要注意的特殊之处。

3. 宾馆火灾的逃生方法

　　（1）入住宾馆注意事项

　　①首先熟悉环境，读懂逃生路线图并实地查看逃生路线。在入住宾馆的第一时间，要去读懂宾馆客房门后张贴的"逃生路线

图",了解自己所处的位置、所住房间的方向、疏散通道和疏散楼梯的数量和具体位置以及报警器、灭火器的位置;首选最近、最方便且可以直通室外的路线作为逃生路线,同时还要了解其他路线作为

备用路线;最好按照路线图进行一次实地考察;如果是建筑高度超过 100 米的超高层建筑,还要事先实地考察避难层或避难间在哪里。

②留意疏散指示标志。火灾发生时,正常的照明会被切断,明亮的疏散指示标志指示的是通向安全地带的生命通道,按照它们的引导,能以最便捷的路线找到出口。入住宾馆时应留意疏散指示标志,做到心中有数,防止火灾来临时不辨方向。

③疏散途中的门和楼梯间的门都是开向逃生疏散方向的,只要向外用力,就可以打开而不至于浪费宝贵的逃生时间。

有的疏散门加上了推闩，用身体的任何部位推、撞就可以轻易打开，避免了慌忙之中找扶手的麻烦。入住时最好试一试能否顺利开启。

④学会使用消防过滤式自救呼吸器等逃生设施、器材。宾馆房间里一般都配备有消防过滤式自救呼吸器，入住后要看图了解其使用方法，以免紧张情况下不会使用，贻误逃生时机。如果配备缓降器等逃生器材，要阅读使用说明，以便发生火灾时能正确使用。

⑤遵守宾馆的消防安全管理制度，不要躺在床上吸烟，不要让水壶、电视机等长时间处于通电状态，不要私自增设大功率电器设备，离开房间时要切断电源。

（2）宾馆发生火灾如何逃生

①夜里听到火灾报警器报警，要及时起床逃生。

②一旦发现火灾，立刻报警，并利用消防器材扑灭初起小火，火势加大时立刻逃生，不要收拾行李，以免耽误时间。

知识小百科

如果房间里有消防过滤式自救呼吸器，逃生时记得佩戴好，记住使用时一定要拔掉塞子。

③按照火灾逃生路线图或疏散指示标志逃生，要听从宾馆人员的引导或广播引导迅速撤离。一旦脱离险境切记莫重返火场。

④如果所在楼层起火，或被烟火封住通道无法撤离，千万不能打开房门观望，要迅速用水浸湿床单、毛巾等堵塞房门的空隙，防止烟气进入，然后等待救援。

⑤身处不同楼层，不同环境，要用不同的逃生方法：

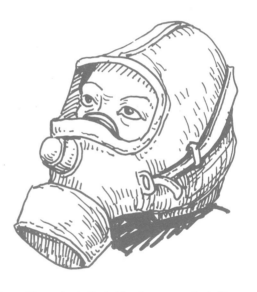

所在的房间着火且门已被火封锁时，可通过阳台或走廊转移到相邻未起火的房间，再利用这个房间的通道疏散；

身处着火楼层以下，受烟火威胁较小，应迅速沿疏散通道向楼下逃生至地面安全地带；身处着火楼层以上且大火将楼梯间封住时，可向楼顶平台疏散逃生，等待救援；

如果处于三层以下的较低楼层，当火势危及生命又无其他方法可自救时，可将室内席梦思床垫、棉被、棉衣等软物抛到楼底，人从窗口跳至软物上逃生。

⑥如果配有逃生缓降器，可利用逃生。

4. 地下商场火灾的逃生方法

（1）地下商场火灾逃生更加困难

地下商场由于密封，空气对流差，浓烟和高温不易消散，火灾扑灭更为困难；通道较少，一旦发生火灾，人们辨别方向和选择逃生路线较为困难，往往更加紧张慌乱，疏散难度更大。

（2）地下商场火灾的逃生方法

①只要进入地下商场，一定要对其结构布局进行观察，熟记疏散通道和安全出口位置，提高安全意识。

②发生火灾，第一时间迅速撤离险区，疏散到地面、避难间、防烟室及其他安全地带。

③如地下商场配备氧气呼吸器，逃生时应佩戴。

2000年12月25日，河南省洛阳市东都商厦因电焊工违章电焊，焊接火花落入沙发起火，造成309人死亡、7人受伤，直接经济损失275万元。

5. 影剧院、舞厅等火灾的逃生方法

（1）影剧院火灾的逃生方法

①选择安全出口逃生。影剧院都设有消防疏散通道，装有门

灯、壁灯、脚灯等应急照明设备,并设有"太平门""出口处"或"非常出口""紧急出口"等指示标志。发生火灾后,应按照这些应急照明和指示设施所指引的方向,迅速选择人流较小的疏散通道撤离。

②当舞台发生火灾时,应避开火势蔓延方向,从靠近放映厅的一方迅速有序逃生。

③当观众厅发生火灾时,应迅速从放映厅、舞台及观众席四面的多个出口逃生。

④当放映厅发生火灾时,可利用舞台、放映厅和观众厅的各个出口迅速疏散。

⑤若观众席为上下两层，楼上的观众应迅速从安全出口经楼梯有序撤出。楼梯如果被烟雾阻隔，在火势不大时，可从火中冲出去，虽然人可能会受点伤，但可避免生命危险。此外，还可就地取材，利用窗帘布等自制救生器材，开辟疏散通道。

知识小百科

疏散时要尽量靠近承重墙或承重构件部位行走，以防坠物砸伤。特别是观众厅发生火灾时，不要在剧场中央停留。

（2）舞厅等火灾的逃生方法

①沉着冷静，明辨方向。由于舞厅、卡拉 OK 厅等娱乐场所大多在晚上营业，加上灯光暗淡，失火时容易造成人员拥挤，不易疏散，因此去这些场所时，要特别留心安全出口在哪里，疏散通道怎么走。有些舞厅、卡拉 OK 厅在使用前先播放消防安全须知，要认真学习。

一旦起火，要保持清醒的头脑，明辨安全出口方向，以便疏散逃生。

②积极寻找多种途径逃生。在发生火灾时，首先应该通过安全出口迅速逃生。如果安全出口由于人员过于集中而堵塞，或被烟火封住，这时就应克服盲目从众心理，对于设在二至三层的歌舞厅，可用手抓住窗口往下滑，且让双脚先着地，以尽量缩小高度；

对于设在较高楼层的歌舞厅，如果有能力和条件，可选择落水管道和窗户进行逃生。通过窗户逃生时，可用窗帘或地毯等卷成长条，制成安全绳，用于滑绳自救，绝对不能急于跳楼，以免发生不必要的伤亡。

第六章

交通工具火灾防范与逃生

交通工具是每个人出行都会乘坐的。平时多掌握一些防范要领和逃生自救方法，就能够多一分平安的希望。乘坐的交通工具一旦发生火灾事故，要保持镇定，及时报警，并提醒司机或乘务员利用车载灭火器材扑火自救。在逃生过程中要听从司乘人员的指挥、引导进行疏散，不可盲目奔跑；保持镇定，不要贪恋财物耽误逃生时间。

1. 汽车

（1）公交车、客运车等公共车辆火灾防范

①不搭乘载有液化石油气钢瓶、炸药、烟花爆竹等易燃、易爆危险物品的车辆。

②不要携带汽油、油漆、酒精、煤油、松香、烟花爆竹等易爆、易燃危险品乘坐车辆。

③不在车上玩弄打火机等可能引发明火的东西，不将火源留在车厢内。

④乘坐公交车辆，如果发现身边有人在抽烟或有其他危害消防安全的行为，要及时向司乘人员反映。

⑤上车后熟悉车辆的安全出口或通道位置，了解车上灭火器材的放置情况，一旦感觉情况异常，如闻到胶皮、电线等的异味时，应保持高度警惕，迅速告诉司乘人员进行处置，然后迅速有序地下车疏散。

（2）自驾车火灾防范

①做好车辆的日常检查。定期检查电器、开关、灯座、制动灯开关等的插接头或连接头是否有松动或脱落等情况，特别要注意

检查点火开关和蓄电池等大电流的电器件接线柱、导线的连接和绝缘等是否可靠；经常检查车架、油箱、化油器、坐垫等周围的导线、插接头、开关件、线夹等处是否有"破皮"；经常检查发动机及底盘是否有漏油现象。汽车配件老化是汽车自燃的重要因素，要经常进行检查，及时予以更换。

2018年9月24日，在湖南省宁乡市沙田乡大塘冲路段，一辆白色小车失控溜向路边并碰到了石头，导致车辆引擎盖部位起火自燃，车内1名男子和2名儿童不幸身亡。

②防止电线短路。一旦发现电流表指示很大的放电电流，大灯、空调电机等电器工作突然中断，甚至闻到胶皮臭味或见到机罩盖边隙处和仪表台附近冒烟，应迅速靠边停车熄火，断开全车总电源开关，查清原因排除故障。如果自己不能解决，要等待专业救援，切忌自己动手乱操作。

③禁止随意更改汽车电气线路。很多新车可能加装倒车雷达和防盗器、换装高档音响、改进造型等，在加装过程中不要乱接电气线路或对线路随意更改，以免造成局部线路负荷过大，引发火灾。

汽车上保险丝、保险管的熔断电流是经过科学计算的，如果随便乱引电线、负荷大的地方不加保险、易摩擦处不有效固定，就会留下火灾隐患。

④车内不要存放危险物品。日常生活中常用的打火机、花露水、香水、摩丝等都不要放在车内，因其在高温和暴晒下都有自燃、爆炸的危险，劣质香水还可能挥发有毒气体，这在车窗紧闭时对人危害很大。充电宝的电池在高温环境中有爆炸的可能性，不宜放在车内会被阳光直射的高温区域。此外，车内尽量不要存放汽油、酒精等危险品。

知识小百科

仪表台上不能放不装入盒内的老花镜，因为其镜片是具有聚

光聚焦作用的凸透镜，在强烈太阳光的长时间照射下，很容易引燃车中的可燃物。

⑤配备车载灭火器，掌握灭火器的使用方法。汽车火灾通常都是从一个部位开始着火然后蔓延的，如果发现得早，一般用自己车上的灭火器就可化解危机。如果没有灭火器或者不会使用，就会使小火酿成大灾。

⑥对于近年来新出现的电动汽车，需慎用快速充电（超级充电），尽量选用好的动力电池车辆。在日常使用当中，充电的速度慢一点。如果有条件慢充，尽量用慢充，以避免因快速、高速充电

导致车辆燃烧及爆炸事故。

（3）乘坐公共车辆火灾逃生方法

乘坐车辆一旦发生火灾事故，要保持镇定，及时报警，并采取相应的逃生措施。

①提醒司机或其他司乘人员利用车载灭火器材扑火自救，在扑救火灾时，有重点地保护驾驶室和油箱部位。快速从车上撤离，如果是发动机部位着火，应从开启的后部车门下车；如果着火部位在汽车中间，可从两头车门有秩序下车。

②当车门被火焰封住时，若火焰较小，可用衣物蒙住头部，从车门冲下。要保持镇定，也要争分夺秒，不贪恋财物、拎拿行李，贻误逃生时间；也不要惊慌、拥挤，堵塞逃生通道。

③如果车门无法正常开启，大部分的客车门都有手动开门装置或者按钮，可让靠近车门的乘客拉开车门上方的红色应急开关，拉住两扇车门上的黄

色扶手打开车门逃生；其他乘客可以使用安全锤敲击车窗上印制的安全出口标记，如果没有就敲击车窗的四角，打碎玻璃逃生；如车辆配备有天窗，在紧急情况下可将天窗推开，开辟安全出口逃生。

④如果身上衣服着火，不要奔跑，可站住、躺倒、就地打滚，将火压灭，打滚时尽量用手蒙住脸部。如果来得及脱下衣服，可以将着火的衣服脱下用脚将火踩灭。

⑤逃出车厢后，尽量远离汽车油箱和发动机，以防汽车爆炸伤人。

⑥在逃生过程中要听从司乘人员的指挥、引导进行疏散，不可盲目奔跑。

（4）自驾车火灾逃生自救方法

①如果自驾车辆行进时起火，应立刻把车停在路边，拨打"119"火警电话报警。

②如果是发动机起火，应紧急断电，使用车载灭火器进行灭火；如果是电气线路短路着火，除采取紧急断电措施外，还应将蓄电池火线拔下，使用灭火器灭火；如果是油箱起火，应立即用灭火器灭火，同时想办法用水冷却油箱，防止其爆炸。

③切记在开启引擎盖灭火的时候，要用衣服或者其他物品垫在手上，避免烫伤；同时开引擎盖的时候不要一下子完全开启，

应该留一条小缝，用灭火器的喷管伸入发动机舱灭火，直至没有烟雾时方可停止，避免大量空气进入导致火势扩大。如果没有灭火器，也可用毛毯、沙子掩盖火源扑灭明火。

④如果汽车已经周身起火，应赶紧弃车离开，并及时疏散乘客和围观群众，站到远离车辆的上风方向。

⑤如果被困车内，车门打不开，要尽快砸破玻璃逃生，可以用后备厢的灭火器或者车内的其他硬物砸玻璃，迅速逃至安全地带。

另外，电动汽车自燃的速度快，燃烧的温度高于普通汽车数倍，产生的有毒烟气更多，扑救更为困难。即使火灾被扑灭，也有很大概率复燃，一定要注意观察，及时、快速逃生。

①一旦新能源汽车着火，在报警时一定要告知起火汽车的品

牌和型号，让救援人员能够迅速了解该车的动力电池种类和容量，以及车辆最高电压、高压线路走向等。

②如果火势刚起，在能够断电的情况下，一定要立刻断电，并且还要将车钥匙装入信号屏蔽袋，并将袋子放置到距离车辆10米以外的地方。

③注意防高温、毒气。电动汽车起火除了高电压防护，还得注意起火后的高温。动力电池起火，温度可以达到1000℃，并且燃烧后会产生大量有毒气体，如氟化氢、氰化氢等，要注意防护。

④着火后要用更多的水扑灭。一般电路起火不能用水扑救，但动力电池是个例外，灭火不但要用水，而且要用更多的水！如果火势较小，没有蔓延到电池仓，可以用二氧化碳灭火器或ABC干粉灭火器。火势一大，就需要用更多的水，因为动力电池在火灾中会发生弯曲、变形、损坏，如果水量太少，有毒气体就会大量渗出，同时也要注意现场可能引发的漏电情况，所以要尽量远离车身，应距离10—15米外出水灭火。

知识小百科

电动汽车的电池往往都是锂电池，电池着火可能需要24小时才能完全扑灭，冒烟表示电池内部仍处于高温状态且极易死灰复燃，所以必须密切观察电池状况，直到把火彻底扑灭。

2. 轨道交通工具

高铁、地铁等轨道交通由于行进速度快、车厢密闭、空间小、用电设施和设备多，加上其在轨道上行驶的特殊方式，一旦发生火灾，扑救和人员疏散较为困难，将造成更大的危险。

1991年8月18日，247次列车运行至大瑶山隧道内，17号车厢行李架上部板壁内发现火苗，并伴有烟雾。在一片混乱中，三四百名旅客从车窗等部位跳出，但上行线1766次货车正好开过来，造成10人死亡、16人重伤、4人轻伤。火灾原因系旅客宁某躺在行李架上吸烟，将烟头塞到车厢检查孔里引起燃烧所致。

在乘坐轨道交通时，除了应该遵守如前所述的车辆火灾防范要点以外，还要注意其特殊点。

（1）轨道交通工具火灾防范

①禁止在车厢内吸烟和使用明火，禁止乱扔烟头。

②禁止携带易爆、易燃危险品乘车。

③不拥挤，不堵塞，有序乘车，保持车内走道畅通。

④严格按照安全操作规程使用列车上的茶炉、取暖炉和餐车炉灶。

（2）轨道交通火灾的逃生要点

①列车、地铁起火时，如果火势不大，可以用车厢里的灭火器扑救，同时向乘务员报告情况，让车辆停下来。此时千万不要打开车窗，以免造成空气对流使火势扩大。如果情况紧急，或者一时找不到工作人员，可迅速跑到车厢两头的连接处，拉动紧急制动阀门，使列车或地铁尽快停下来。

②切忌立即打开车门逃生，要待乘务员拉下紧急制动闸将列车停稳后，迅速离开起火车厢。在撤离着火的车厢时，应当用衣袖或者手帕等掩住口鼻，向着火车厢的两侧车厢撤离。撤离后想办法把着火车厢两侧的车门关上，以免火势向其他车厢蔓延。

③如果车厢内部火势较大，车门被烟火封堵，应等待列车停稳后，打开车窗或者用硬物击破车窗逃生。

④如果遭遇站台起火，不要惊慌，按照站台工作人员的指引，有序进入疏散通道逃生。列车或地铁火势蔓延速度较快，应注意避开火势蔓延的方向。特别是地铁，出口和通道较少，空气对流较差，一旦发生火灾，浓烟和高温不容易消散，因此要想办法防烟，低姿行进，快速撤离。

3. 轮船等水路交通工具的消防安全

轮船等水路交通工具一旦发生火灾，较难被发现，扑救难度大，而且依靠外援需要一定的时间，因此轮船的防火尤为重要。

2011 年 1 月 28 日，印度尼西亚发生一起渡轮火灾。一艘从爪哇岛驶往苏门答腊岛的渡船在出航约 40 分钟后起火，造成 17 人死亡。渡轮上搭载了 33 辆汽车，大火就是从其中一辆没有熄火的大客车里蔓延出来的。

（1）轮船等水路交通工具火灾防范

①不携带或在行李里夹带易燃、易爆等危险物品，已经带上船

的，要主动交出，由船上工作人员统一妥善保管。

②在船舱里不能吸烟和用火，也不能乱拉电线，乱装电灯、开关和插座。

③上船后，要仔细阅读紧急疏散示意图，了解存放救生衣的位置和消防器材、设施的位置，熟悉救生衣的穿戴程序和方法，留意观察和识别安全出口处及楼梯方位等。

④按船票所规定的舱位或地点休息和存放行李，行李不要乱放，尤其不能放在阻塞通道和靠近水源的地方。

（2）轮船等水路交通工具火灾的逃生方法

①一旦发生火灾，应利用轮船内部设施如内梯道、外梯道、舷梯、逃生孔逃生，利用救生艇和缆绳等其他救生器材逃生。

②应听从指挥，向上风方向有序撤离。撤离时，可用湿毛巾捂住口鼻，尽量弯腰、快跑，迅速远离着火区。

③如果机舱起火，机舱人员可利用尾舱通向上甲板的出入孔逃生。

④当轮船前部某一楼层着火，还未延烧到机舱时，应采取紧急靠岸或自行搁浅措施，让船体处于相对稳定状态。被火围困人员应迅速往主甲板、露天甲板疏散，然后借助救生器材向水中和来救援的船只上及岸上逃生。

⑤当轮船上某一客舱着火时，舱内人员在逃出后应随手将舱

门关上，以防火势蔓延，并提醒相邻客舱内的旅客赶快疏散。若火势已蹿出房间封住内走道时，来不及逃生者可关闭房门，不让浓烟、火焰侵入，等待救援。相邻房间的旅客应关闭靠内走廊房门，从通向左右船舷的舱门逃生。

⑥当大火将直通露天的梯道封锁致使着火层以上楼层的人员无法向下疏散时，被困人员可以疏散到顶层，然后向下施放绳缆，沿绳缆向下逃生。

⑦如情况紧急，不得不跳水时，应穿好救生衣，迎着风向跳，以免下水后遭到漂浮物的撞击。

知识小百科

跳水时双臂应交叠在胸前，压住救生衣，双手捂住口鼻，以防跳下时呛水。眼睛望向前方，双腿并拢伸直，脚先下水。不要向下望，否则身体会向前扑，摔进水里，容易受伤。跳水一定要在船尾，尽可能地跳得远一些，不然船下沉时涡流会把人吸进船底下。

4. 飞机消防安全

（1）飞机安全防范

自觉遵守安全规定，接受安全检查。为了保障飞行安全，按照规定，旅客交运的行李和手提物品内不得夹带下列物品：

装有报警装置的手提箱和公文箱；

压缩气体，包括易燃气体、非易燃气体和毒气，如野炊用燃气；

带有传染病菌的物品；

炸药、弹药、烟花爆竹和照明弹；

腐蚀性物质，如酸、碱、汞和湿电池；

易燃液体和固体，如打火机和加热用燃料、火柴和易燃品；

氧化剂，如漂白粉和有机过氧化物；

毒药；

放射性物质；

其他限制性物品，如磁性物质。

（2）上飞机后一般注意事项

①听从乘务人员的指引，了解飞机的安全注意事项，掌握机

上安全设施设备的使用方法。

②安全放置随身携带的物品，不能随便乱放，防止在飞机出现异常的情况下直接影响人身安全。

③当乘务人员或机上电视介绍安全带时，一定要认真听讲或观看，并在座位上拿起安全带，立即动手试一下。

④了解飞机一旦发生事故需要应急着陆时，应在座椅上以什么样的正确坐姿来保护自己，使身体免受伤害。

⑤了解什么情况下使用和怎样使用氧气面罩。

⑥了解救生衣的使用方法。

⑦了解应急出口、安全撤离通道及紧急撤离方法，保证在事故发生后，能找到撤离路线，有序逃生。

（3）特殊注意事项

①选择阻燃性能好又能起到保护作用的服装，对遇到火灾时安全疏散有帮助，可以减少火灾的伤害。

②飞机失事时，衣兜里的梳子或铅笔都可能伤人。因此，乘坐飞机之前，应尽可能地清除衣兜里的杂物，尽可能摘下领带、围巾、眼镜、头饰等可能造成伤害的物件，以确保乘坐飞机的安全。

（4）飞机火灾逃生

①上飞机后，数一数自己的座位与出口之间隔着几排，这样，即使机舱内烟雾弥漫，也可以摸着椅背找到出口。

②如果客舱内失火并出现浓烟，不要大声呼叫，不要打开通风口，这样会加大对烟雾的吸入，也不要惊慌失措全部涌向飞机的某一部位。

③听从乘务员的安全指令，从相应的逃生口撤离，逃生时要尽量放低身态，屏住呼吸，或用湿毛巾、衣物堵住口鼻，减少有毒气体的吸入。

④飞机着火严重可能发生爆炸，在离开滑梯后要迅速逃离飞机100米开外。

⑤紧急撤离时要保持冷静，但要迅速撤离，不可拿取、携带任何行李，因为飞机客舱内部有较多易燃品，在飞机客舱门打开后，空气进入更易加速其燃烧，大火可以在数十秒内吞没整个机身。

拿取行李不但贻误自己逃生，还会阻挡后方乘客逃生。

⑥在着陆时做好适当的准备。这时候，不应该坐靠在位置上，而是应该双手交叉放在前排座位上，然后将头部贴在手上，并在飞机着陆之前一直保持这个姿势。当飞机停下之后，尽快向出口撤离。

第七章

初起火灾扑救

1. 灭火的基本原理

燃烧需要三个条件：即可燃物、助燃物（氧化剂）和温度（引火源），三个条件同时具备，才能出现燃烧现象，反之，要把火扑灭，破坏其中的任一条件即可，因此，灭火就是破坏燃烧条件使燃烧反应中止的过程。根据燃烧条件，灭火基本原理可以归纳为四个方面：冷却、窒息、隔离和化学抑制。

（1）冷却

可燃物一旦达到着火点，即会燃烧或持续燃烧，将可燃物的温度降到一定温度以下，燃烧即会停止。冷却就是将水、泡沫、二氧化碳等灭火剂直接喷洒在燃烧的物体上，使可燃物的温度降

低到燃点以下，从而使燃烧停止。用水冷却灭火，是扑救火灾的常用方法，用二氧化碳灭火剂的冷却效果更好，能够吸收大量的热量，使燃烧物的温度迅速降低，致使火焰熄灭、火灾终止。

火场上，还用水冷却尚未燃烧的可燃物质以及生产装置、容器等，以防止其达到燃点而着火或受热后变形、爆炸等。

（2）窒息

可燃物燃烧都需要足够的氧气。在着火场所内，可以通过防止空气流入或者灌注不燃气体，如二氧化碳、氮气、蒸气等，来降低空间的氧浓度，从而使可燃物因缺乏氧气而熄灭。这种窒息灭火法适用于扑救封闭性较强的空间或设备容器内的火灾。

知识小百科

水喷雾灭火系统实施动作时，喷出的水滴吸收热气流热量而转化成蒸气，当空气中水蒸气浓度达到 35% 时，燃烧即停止，这也是窒息灭火的应用。

（3）隔离

隔离灭火是将可燃物与氧气、火焰隔离或分散开，使燃烧停止的方法。如搬走火源附近的可燃物、拆除与火源毗连的易燃建筑物、关闭输送可燃液体和可燃气体的管道阀门，切断流向着火区的可燃液体和可燃气体的输送，或打开阀门，使已经燃烧或即将燃烧

或受到火势威胁的容器中的可燃液体、可燃气体转移向安全区域等。隔离灭火是扑救火灾中比较常用的方法，适用于扑灭各种固体、液体和气体火灾。

（4）化学抑制

化学抑制灭火法就是使灭火剂参与燃烧的链式反应，从而有效地抑制自由基的产生或降低火焰中的自由基浓度，进而使燃烧中止。化学抑制法灭火速度快，使用得当可以有效地扑灭初起火灾，减少人员和财产的损失。

2. 常用灭火器材和设施

火灾初起时，可以利用专用的消防器材和简易的灭火工具进行扑救。常见的建筑灭火器材和设施有：灭火器、室内消火栓灭火系统、自动喷水灭火系统、灭火毯等。

（1）灭火器

灭火器是指能在其内部压力作用下，将所装的灭火剂喷出以扑救火灾的器具。灭火器是扑救建筑物初起火灾最为有效的重要灭火器材，具有结构简单、轻便灵活、易操作使用等特点。在建筑物内正确地选择灭火器的类型，合理地定位及设置灭火器，并注意定期检查和维护灭火器，就能在起火时迅速用灭火器扑灭初起小火，减少火灾损失。灭火器应设置在位置明显和便于取用的地点，且不得影响安全疏散，不得设置在超出其使用温度范围的地点。

　　灭火器按移动方式的不同可分为手提式和推车式两种。手提式灭火器按充装的灭火剂不同可分为水基型灭火器、干粉灭火器、二氧化碳灭火器和洁净气体灭火器等。

①水基型灭火器是以水为灭火剂基料的灭火器，主要有水型灭火器和泡沫灭火器两类。

水基型灭火器一般适用于扑救可燃固体有机物质的初起火灾。现在生产的水基型灭火器绝大多数在水中加了添加剂，也能扑救可燃液体的初起火灾。

水型灭火器具有绿色环保及不会对周围设备、空间造成污染、高效阻燃、灭火速度快、渗透性强、抗复燃等优点。

泡沫灭火器能扑灭可燃固体和液体的初起火灾，更多地用于扑灭石油和石油产品等非水溶性物质的火灾，具有操作简单、灭火效率高、有效期长、抗复燃等特点。

水基型灭火器的操作使用方法为：使用时先拔下保险销，将喷嘴对准火焰根部，用力压下压把，对准火焰根部来回扫射。在灭火过程中应使灭火器始终保持直立状态，不能横卧或颠倒使用。灭火时应站在上风方向，操作要果断、迅速。

②干粉灭火器是利用氮气作为驱动力，将筒内的干粉喷出灭火的灭火器，一般分为 BC 干粉灭火器和 ABC 干粉灭火器两种。干粉灭火器可扑灭一般的可燃固体火灾，还可扑灭油、气等燃烧引起的火灾，主要用于扑救石油、有机溶剂等易燃液体、可燃气体和电气设备的初起火灾。

干粉灭火器的优点是适用范围广，灭火性价比高，使用年限长；其缺点是粉雾对人的呼吸道有刺激作用，甚至有窒息作用，人不能停留在被干粉雾罩的区域内。干粉灭火剂还有腐蚀性，残存在物件上的干粉要及时清除。

干粉灭火器的操作使用方法与水基型基本相同。注意：如果灭火器无喷射软管，则可一手握住开启压把，另一手扶住灭火器底部的底圈部分，将喷嘴对准火焰根部扫射。在室外灭火时，应站在上风方向。

③二氧化碳灭火器是充装二氧化碳气体，靠自身的压力驱动喷出进行灭火的灭火器。二氧化碳是一种不燃烧的惰性气体，灭火时有两大作用：一是窒息作用，二是冷却作用，从而达到灭火效果。

二氧化碳灭火器具有流动性好、不腐蚀容器、不易变质等优良性能，可用来扑灭图书、档案、贵重设备、精密仪器、600V以下电气设备及油类的初起火灾。

二氧化碳灭火器在日常生活中使用极少，且使用前必须经过专门培训。

（2）室内消火栓灭火系统

室内消火栓灭火系统是扑救建筑内火灾的主要设施，是使用最普遍的消防设施之一，在灭火中因性能可靠、成本低廉而被广泛采用。室内消火栓系统一般分为消火栓箱和给水管网两部分，具体由水泵、水泵接合器、管网、阀门、消火栓、水箱、室内消火栓箱、消火栓阀、水枪、水龙带、挂架、水龙带卡扣、消防按钮等组成，有特殊要求时，可增加软管卷盘（带软管灭火喉）。

室内消火栓的操作方法是：当有火灾发生时，打开消火栓门，按下内部火警按钮，由其向消防控制中心发出报警信号或远距离启动消防水泵；拉出水带，拿出水枪，一人将枪头和水带接好，另一人将水带一头与消火栓出口接好，逆时针打开阀门使水喷出即可。握紧水枪或水喉，通过水枪产生的射流，将水射向着火点。

（3）自动喷水灭火系统

自动喷水灭火系统是安装在建筑物中的一种固定式自动灭火设施。设施平时处于准工作状态，当建筑物内某场所发生火灾时，喷头或报警控制装置能够探测火灾信号，并能立即自动启动喷水灭火。

（4）灭火毯

灭火毯主要采用难燃性纤维织物经特殊工艺处理后加工而成，具有紧密的组织结构和耐高温性能，能够很好地阻止燃烧或隔离热源、火焰，难燃、耐高温、遇火不延燃，且质地非常柔软。

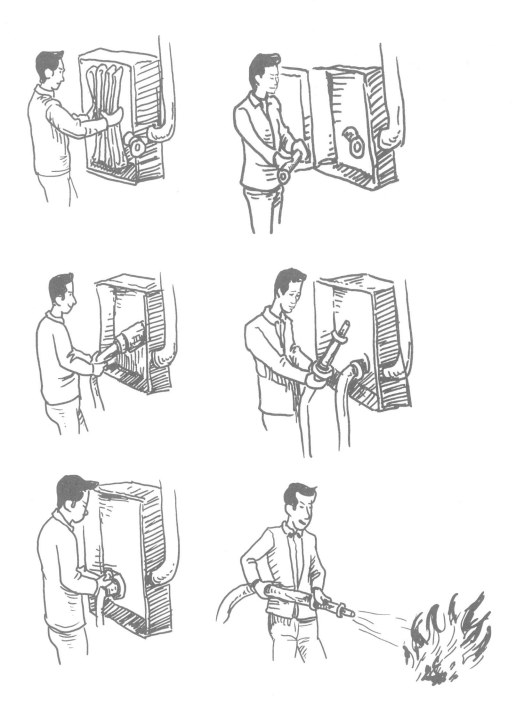

灭火毯的灭火原理是覆盖火源、阻隔空气，以达到灭火的目的。在火灾初起时，灭火毯能以最快速度隔离氧气并使火焰熄灭。

（5）其他"灭火器材"。在现实生活中，除了上述专业灭火器材，我们还可以就地取材，用身边的"灭火器材"将初起小火扑灭，关键是要快速，灭早、灭小，比如：油锅起火，迅速盖上锅盖可使火熄灭；用湿毛巾、湿抹布、湿围裙等直接盖住火苗可以将小火熄灭；用沙土覆盖汽油、柴油泄露引发的火灾等。

3. 初起阶段火灾扑救的原则

（1）初起阶段火灾

初起阶段火灾是指火灾还局限于在起火部位或起火空间内燃烧，火焰没有突破墙板、顶棚等建筑构件，火势还没有发展蔓延到其他场所的火灾发展阶段。初起阶段火灾的特点主要是：燃烧范围不大，火灾仅限于初始起火点附近；室内温度差别大、平均温度低，燃烧区域及其附近温度较高，其他部位温度低；火灾发展速度较慢，火势不稳定。这些特点，决定了该阶段是灭火的最有利时机，如果能在这一阶段及时发现并控制火灾，火灾损失就会大大降低。

（2）扑救初起阶段火灾应遵循的原则

①立刻报警。火灾发生时，要沉着冷静，立刻报警并大声呼救，报警早，损失少，早一分钟或早一秒钟报警，对扑救初起火灾或者让人们迅速逃离火场都是十分有利的。

②救人第一。救人重于救火，火场上一旦有人被困，优先考虑和竭力实现的首要目标就是救人，要把疏散和营救人员放在第一位。救人和救火可以同时进行，以救火保证救人工作的进行。未成年人和老年人则要第一时间逃生。任何单位和个人不得组织中小学生灭火，这是《中华人民共和国消防法》规定的。

案例链接

1994年4月23日，辽宁省瓦房店市许屯镇东马屯小学附近山坡起火，学生请求前往灭火，校长和老师没有及时制止，8名学生在扑救火灾中丧生。

③及时扑救。在报警的同时要争分夺秒，奋力控制、扑灭初起阶段的火灾。火灾的初起阶段，是扑救的最有利时机，甚至可以用很少的灭火器材如一个灭火器或少量水就可以扑灭，因此越及时、快速扑救，越有利于在火势蔓延扩大之前控制和消灭火灾。千万不要因惊慌失措错失扑救良机，导致小火酿成大灾。

④注意防烟。许多物质燃烧时会产生有毒烟雾，一些有毒物品燃烧时，如使用的灭火剂不当，也会产生有毒或剧毒气体，扑救人员如不注意很容易发生中毒。

知识小百科

扑救时人应尽可能地站在上风向，必要时要佩戴防毒面具，以防发生中毒或窒息。封闭的室内起火时立即浇灭火焰，不要开启门窗，以免新鲜空气进入使火势加大。

⑤果断逃生。扑救初起火灾时必须记住，一旦火势无法控制，要果断逃生。一般来说，一旦火焰蹿到天花板，就要立即放弃扑救并撤离火场，等待消防专业救援队伍扑灭大火。

4. 住宅初起火灾的扑救方法

住宅是火灾的易发场所。住宅火灾一旦发生，如果采取正确的方法及时扑救，大多能在初起阶段扑灭，可以避免小火蔓延成灾。

扑救住宅火灾的消防器材主要是灭火器和灭火毯。室内消火栓供职业消防队员、受过训练的微型消防站队员和志愿消防队员使用，未受过训练的普通居民最好不要使用。

有些家庭初起火灾，还可以用消防器材以外的手段扑灭。

（1）灭火器灭火方法

灭火器是扑救初起火灾最有效的专用灭火器材。家庭中适用的灭火器一般是手提式的 ABC 干粉灭火器和水基型灭火器。

ABC 干粉灭火器的一般操作使用方法为：使用时先拔下保险销，将喷嘴对准火焰根部，用力压下压把，对准火焰根部来回扫射。灭火时应站在上风方向，离火源2—3米外。操作要果断、迅速。灭油火时，不要直接冲击油面，以免油液飞溅引起火焰蔓延。

水基型灭火器的使用方法与 ABC 干粉灭火器基本相同。

（2）灭火毯灭火方法

灭火毯能够有效地扑救一平方米以内的 A 类和 B 类火灾以及家用电器火灾。其使用方法是：取出灭火毯，在切断电源、气源后，将展开的灭火毯直接覆盖在火源或着火的物体上，覆盖火源、阻隔空气，可迅速在短时间内扑灭火焰。也可以利用其隔离火源、热

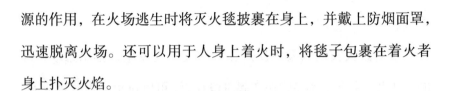

源的作用，在火场逃生时将灭火毯披裹在身上，并戴上防烟面罩，迅速脱离火场。还可以用于人身上着火时，将毯子包裹在着火者身上扑灭火焰。

（3）油锅起火扑救

家里油锅起火了，要先关燃气阀，再盖锅盖灭火。盖锅盖时，要将盖子沿着锅的边缘水平向前推进、盖上。火较大时，可以在手臂上裹湿毛巾保护。火很大时，应先用灭火器灭火，再盖上锅盖防止复燃。喷灭火剂时，人要离油锅 2 米以外，以防锅中飞溅出来的油伤人。千万不要用水扑救或用手去端锅，否则会造成热油爆溅，灼伤人和扩大火势。

油锅起火后，食用油中会产生新的物质，其自燃点比起火的食用油低约 30 度。盖上锅盖后不要急于打开，等油温降到新产生物质自燃点以下时再打开，就不会复燃。

如果油火溢出在灶具或地面上，可使用灭火毯、湿毛毯等捂盖灭火或使用干粉灭火器灭火。

（4）燃气瓶起火或燃气泄漏处置

燃气瓶起火时，首先应该切断气源。只要将角阀关闭，火焰很快就熄灭。角阀漏气着火时，只要气瓶口在燃烧，气瓶升温不会太快，瓶内压力不会急剧上升，气瓶不会爆炸。此时不用惊慌，火焰小时，可以手拿湿毛巾盖住起火部位，一举完成关阀和灭火。如果阀口火焰较大，可用湿毛巾抽打火焰根部，或用灭火器先灭火，再关紧阀门。如果无法关紧，可用肥皂将漏气处堵住，迅速将燃气瓶搬到室外空旷处。

如在厨房发现燃气泄漏，首先应立即打开门窗通风，如果窗子是铁制的，开窗要轻缓，以免产生火花，然后迅速用湿抹布盖住阀门将其关闭。这时也不能开关电灯或电器，不要使用明火，必须杜绝任何火星。同时不要在厨房用手机报警，应到远离厨房的地方进行，防止引发燃气爆炸。

知识小百科

一定要记住，不能先关燃气灶开关，因为关燃气灶开关时可能启动点火装置，造成燃气爆炸。

（5）家用电器初起火灾扑救

家用电器着火时，首先应立即切断电源，再灭火。

对于有显像管的老式电视机、电脑，在切断电源后用灭火毯、湿毛毯或棉被等将电视机或电脑盖住，这样既能防止机内元器件着火产生的毒烟蔓延，也能在万一发生爆炸时挡住荧光屏的玻璃碎片。

不要向着火的这种电脑或电视机泼水或用灭火器灭火，温度突降会使炙热的显像管爆裂，玻璃碎片可能伤人。

其他家用电器着火，一般用干粉灭火器或灭火毯扑救，不要用水灭火。

家里发生火灾时，要先让老人、儿童撤离。当火焰蹿到天花板时，意味着扑救初起火灾失败，应立即扔下灭火器材逃生，撤出户门时把门关上，到安全场所拨打"119"电话报火警。

第八章

建筑消防设施

　　建筑消防设施是建筑物、构筑物中设置的用于火灾报警、灭火救援、人员疏散、防火分隔等设施的总称。建筑消防设施是保障消防安全的重要设施，是现代建筑的重要组成部分，也是默默守护在人们身边的消防卫士。

1. 火灾自动报警系统

　　火灾自动报警系统是能实现火灾早期探测、发出火灾报警信号，并向各类消防设备发出控制信号、完成各项消防功能的系统，一般由火灾报警控制器、触发器件、火灾警报装置、消防联动控制系统等组成。火灾自动报警系统是用来预报初起火灾的装置，通过探测器对感烟、感温和感光等信号的识别，来传输和显示火灾发生的楼层、部位以及起火时间，实现火灾的早期报警，便于人们及时疏散逃生和灭火，是保障人员生命安全的最基本的建筑消防系统。

（1）火灾报警探测器

火灾报警探测器主要有感烟式、感温式、感光式和复合式等四种类型。

①感烟式火灾探测器。烟雾是早期火灾的重要特征之一，感烟式火灾探测器是利用对烟雾粒子特征的识别，使敏感元件及时响应而发出报警信号的探测器。感烟式火灾探测器非常适合在消防安全重点部位等场所设置。

②感温式火灾探测器。也称为光辐射探测器，是对警戒范围中某一点或某一线路周围温度变化时响应的火灾探测器。感温式火灾探测器适宜安装于起火后产生烟雾较小的场所，不宜安装在平时温度较高的场所。

③感光式火灾探测器。也称火焰探测器，是用于响应火灾时光的特性而设计的一种火灾探测器，一般适宜安装在有瞬间产生爆炸危险的场所，如石油、炸药等化工制造的生产存放场所等。

④复合式火灾探测器。复合式火灾探测器是可以响应两种或两种以上火灾参数的火灾探测器，主要有感温感烟型、感光感烟型、感光感温型等。

（2）火灾报警控制装置

火灾报警控制装置是指在火灾自动报警系统中，用以接收、显示和传递火灾信息，并以发出区别于环境声、光的火灾警报信号，能控制和具有其他辅助功能的指示设备的装置。火灾报警控制器是火灾自动报警系统的心脏，主要有以下功能：

①用来接收火灾信号并启动火灾报警装置，用来指示着火部位和记录有关信息。

②能通过火警发送装置启动火灾报警信号或通过自动消防灭火控制装置启动自动灭火设备和消防联动控制设备。

③自动监视系统的正确运行和对特定故障给出声、光报警。

消防控制中心是建筑物内一切消防设施设备的总调度和控制中枢。在火灾自动报警系统中，消防控制中心在接收到来自触发器件的火灾报警信号时，便显示设备状态以及启动联动消防设施。

（3）独立式火灾报警探测器

独立式火灾报警探测器是一般安装在家庭、网吧等小型场所进行烟雾探测和报警的装置。分为感烟火灾报警探测器和可燃气体火灾报警探测器两种。

感烟火灾报警探测器对火灾烟雾极为敏感，一旦烟雾达到或超过报警设定值，就能自动、及时显示报警信号，提醒人们尽快逃生和采取处置措施。发达国家安装这种报警器的家庭比例极高，非常普遍，使住宅火灾的伤亡人数大幅下降。我国现在正在积极推广使用这种报警器。

可燃气体火灾报警探测器主要用于检测居家厨房空气中可燃气体如天然气、液化气等爆炸下限以内的含量，当检测到气体浓

度达到或超过报警设定值时就会自动发出报警信号，提醒人们采取处置措施，以避免火灾、爆炸事故的发生。

2. 自动灭火系统

火灾自动灭火系统也称为固定灭火系统，主要包括：自动喷水灭火系统、气体灭火系统、泡沫灭火系统和干粉灭火系统等。自动灭火系统对于扑救和控制建筑物内的初起火灾、减少损失、保障人身安全，具有十分明显的作用，在各类建筑内应用广泛。此外，室内消火栓系统虽然不完全是自动的，但在控制和处置建筑物火灾中仍可发挥显著的作用。

（1）自动喷水灭火系统

自动喷水灭火系统简称水喷淋系统，是由洒水喷头、报警阀组、水流报警装置等组件以及管道、供水设施等组成，能在发生火灾时喷水的自动灭火系统，是目前世界上应用最为广泛的一种固定的大型消防设施，具有安全可靠、经济实用、灭火成功率高等优点。

自动喷水灭火系统根据所使用喷头的型式，可分为闭式自动喷水灭火系统和开式自动喷水灭火系统两大类；根据系统的用途和配置状况，可分为湿式系统、干式系统、预作用系统、雨淋系统、水幕系统、自动喷水—泡沫联用系统等。其中，湿式自动喷水灭火系统是目前世界上最普遍的自消系统，使用最为广泛并且发挥作用最大。

①湿式自动喷水灭火系统。湿式自动喷水灭火系统的工作原理如下图所示：

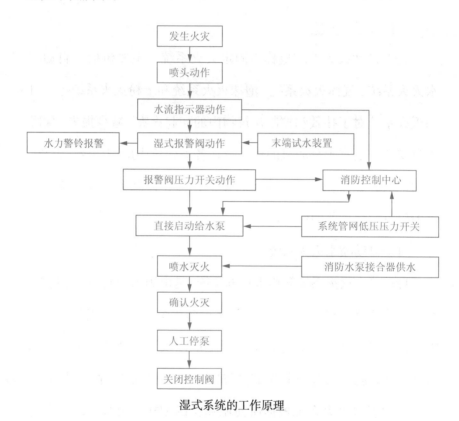

湿式系统的工作原理

②闭式和开式喷头。自动喷水灭火系统主要由洒水喷头、报警阀组、水流指示器、压力开关、末端试水装置和管网等组件组成。其中，洒水喷头是这种自动灭火系统的主要设备，分为闭式喷头和开式喷头两种。当发生火灾时，吊顶下的喷头被加热到一定温度就会自动喷水灭火。

③简易自动喷水灭火系统。简易自动喷水灭火系统也称"住宅式喷淋系统"或"局部应用喷淋系统"，主要用于普通砖木结构建筑和不强制要求设置自动消防系统的中小型娱乐场所、小型商铺、社区家庭等场所。这些场所和部位一般耐火等级相对较低，可燃物质相对较多，灭火设备相对薄弱，人员居住相对集中。

标准湿式自动喷水灭火系统由消防水池、消防水箱、喷淋泵、湿式报警阀、喷头等组成，管道内始终充满水并保持一定的压力，系统一直处于警戒状态，一旦发生火灾，室内温度上升，导致喷头自动打开，管道内压力水喷出灭火。简易自动喷水灭火系统则减少了消防水池、消防水泵组、湿式报警阀组等组件，而充分利用城市自来水、高位消防水箱和室内消火栓系统来保证系统自动喷水灭火，使水以特定的方式和流量喷洒到着火区域内，从而有效地扑灭火灾或防止居室内的火灾扩大蔓延，从而保护建筑内人员安全逃生和疏散。

（2）气体灭火系统

气体灭火系统是以某些气体作为灭火介质，通过这些气体在整个防护区内或保护对象周围的局部区域建立起灭火浓度实现灭火。气体灭火系统具有灭火效率高、灭火速度快、保护对象无污损等优点，主要用于不适于设置水灭火系统的环境中，如图书馆、档案馆、珍品库、电子计算机房、电讯中心、通讯室、无人值守机房、喷漆室、燃气轮机、变配电室、变压器室、电站、飞机、汽车库、船舱等特殊场所。

知识小百科

气体灭火系统是根据灭火介质而命名的。目前正在使用的气体灭火系统主要包括：二氧化碳灭火系统、七氟丙烷灭火系统、惰性气体灭火系统和气溶胶灭火系统等。

（3）泡沫与干粉灭火系统

①泡沫灭火系统。泡沫灭火系统是通过机械作用将泡沫灭火剂、水与空气混合并产生泡沫实施灭火的灭火系统，具有安全可靠、经济实用、无毒性、灭火效率高、设备费用低等特点。灭火时泡沫将燃烧液面完全覆盖起来，使燃烧物不能接触燃烧所必需的空气从而自动熄灭，主要用于扑救石油和石油产品等油类火灾。目前广泛使用的泡沫灭火系统主要是指空气泡沫灭火系统，一般多以固定式为主，主要设置在大型油库和易燃液体储罐等场所。

②干粉灭火系统。干粉灭火系统是由干粉供应源通过输送管道连接到固定的喷嘴上，通过喷嘴喷放干粉的灭火系统，依靠惰性气体驱动干粉，主要由干粉灭火设备和自动控制两部分组成。干粉灭火设备包括干粉罐、动力氮气瓶、减压阀、过滤器、阀门、输粉管、喷嘴、喷枪等；自动控制则包括火灾探测器、启动装置和报

警器等部件。干粉灭火系统的启动方式有自动联动启动和手动启动两种。干粉灭火系统迅速可靠，适用于火焰蔓延迅速的易燃液体，造价低、占地小、不冻结，对于无水及寒冷的我国北方地区尤为适宜。

3. 建筑消火栓给水系统

建筑消火栓给水系统是指为建筑消防服务的以消火栓为给水点、以水为主要灭火剂的消防给水系统，由消火栓、给水管道、供水设施等组成。按设置位置不同，分为室内和室外消火栓给水系统。

室外消火栓系统的任务是通过室外消火栓为消防车等消防设备提供消防用水，或提供进户管为室内消火栓给水设备提供消防用水。室外消火栓给水系统应满足扑救火灾时各种消防用水设备对水量、水压和水质的基本要求。

室内消火栓系统是最常见的建筑消防灭火设施，虽然不属于自动灭火系统，但使用非常普遍。它既可以供火灾现场人员使用消火栓箱内的消防水喉、水枪扑救初起火灾，也可以供消防员扑救建筑物的大火。室内消火栓实际上是室内供水管网向火场供水的带有专用接口的阀门，其进水端与消防管网相连，出水端与水带相连。

室内消火栓系统一般由消火栓箱和给水管网两部分组成。其中，消火栓箱应当设置在取用方便的墙壁上，并在箱内放置水枪、水带等。此外，消火栓箱还配置了消火栓接口、水带接口和火灾信号启动按钮等。

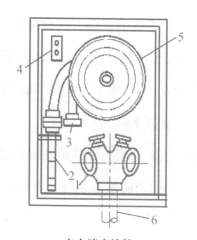

室内消火栓箱
1—消火栓；2—水枪；3—水带接口；
4—按钮；5—水带；6—消防管道

4. 防排烟系统

烟气向来是火场中的"杀手"，对人员危害很大，火灾死亡人员中 60%—80% 是因烟气中毒、窒息而死的。建筑中设置防排烟系统的作用，是将火灾产生的烟气及时排除，防止和延缓烟气扩散，保证疏散通道不受烟气侵害，确保建筑内人员顺利疏散、安全避险，同时，减弱火势蔓延，为火灾扑救创造有利条件。

建筑火灾烟气控制分为防烟和排烟两个方面。其中，防烟包含自然通风和机械加压送风两种方式。排烟包括自然排烟和机械排烟两种形式。防烟主要是通过自然通风以及不具备自然通风条件时用机械送风的方式，控制烟气不进入疏散楼梯、前室（包括合用前室）等人员疏散必经的安全区域。排烟是通过自然力的作用以及机械排烟方式（不具备自然排烟条件时），把火灾中建筑空间、走道内的烟气排出建筑，为人员安全疏散和灭火救援行动创造有利条件。

5. 防火分隔设施

在建筑物内划分防火分区，主要目的是将火灾控制在局部区域内，防止火灾在整个建筑物内蔓延，有利于人员安全疏散和扑救火灾，减少火灾损失。对建筑物进行防火分区的划分是通过防火分隔设施来实现的，主要包括：防火卷帘、防火门、防火窗、防火水幕等。

（1）防火墙

防火墙是防止火灾蔓延至相邻建筑或相邻水平防火分区且耐火极限不低于 3.00h 的不燃性墙体。防火墙可将建筑物的平面划分为若干区域，在火灾初期和灭火过程中将火灾有效地控制在一定空间内，阻止火灾及烟气蔓延。

（2）防火卷帘

防火卷帘是主要用于较大开口部位墙体的防火分隔，能够在一定时间内满足耐火稳定性和完整性要求，起到阻止火灾及火势蔓延的作用。一般设置在电梯厅、自动扶梯周围，中庭与楼层走道、过厅相通的开口部位，生产车间中大面积工艺洞口，以及设置防火墙有困难的部位。

（3）防火门

防火门不是普通的门，而是指具有一定耐火极限且在发生火灾时能自行关闭的门。防火门除具有普通门的作用外，更具有阻止火势蔓延和烟气扩散的作用，可以在一定时间内阻止火势的蔓延，确保人员疏散。

在建筑物的防火墙和防火分隔墙上的门，或封闭楼梯间、防烟楼梯间、消防电梯间前室和通向过道、走道的门，以及电缆井、管道井、排烟井等管井壁上的检查门都必须是防火门。

知识小百科

设置在建筑内经常有人通行处的防火门宜采用常开式防火门。常开式防火门应能在火灾时自行关闭，并应具有信号反馈的功能。常闭式防火门应在其明显位置设置"保持防火门关闭"等提示标志，并设置疏散图示。

（4）防火窗

防火窗是采用钢窗框、钢窗扇及防火玻璃制成的并能隔离和阻止火势蔓延的窗。其耐火极限与防火门相同，一般设置在防火间距不足部位的建筑外墙上的开口或天窗、建筑内的防火墙或防火隔墙上需要观察的部位，以及防止火灾竖向蔓延的外墙开口部位。

6. 安全疏散设施

安全疏散设施是在火灾时保证人员迅速撤离火场的消防设施，对于确保火灾中人员的生命安全具有重要作用，主要包括安全出口、疏散走道、疏散楼梯、疏散指示标志等。

（1）安全出口

安全出口是供人员安全疏散用的楼梯间和室外楼梯的出入口

或直通室内外安全区域的出口，包括封闭或防烟楼梯间、火灾时供消防人员灭火及疏散救援的专用消防电梯和疏散门。一般情况下，每座建筑或每个防火分区的安全出口数目不应少于两个。

（2）疏散通道

疏散通道也称消防安全通道，是指一旦发生火灾或其他紧急情况时，建筑内人员从火灾现场往安全区域快速、安全疏散的通道，主要包括疏散走道、疏散楼梯与楼梯间等。其作用是在发生火灾时，能够迅速安全地疏散人员和抢救物资，减少人员伤亡，降低火灾损失。在建筑防火设计时，必须设置足够数量的安全出口和疏散通道，并分散布置，易于寻找。

（3）火灾应急照明和疏散指示标志

火灾应急照明设施是发生火灾时为保证人员疏散和火灾扑救工作的电光源而设置的照明，主要包括：避难入口、疏散出口、疏散走道、楼梯间、人员密集场所等重要部位和场所的应急照明引导指示灯。这种应急照明引导指示灯可在发生火灾事故时通过特殊的专用电源进

行照明,引导人们疏散。

疏散指示标志:公共建筑、高层住宅、厂房等的疏散走道、安全出口、人员密集场所的疏散门的正上方应设置灯光疏散指示标志。疏散走道距地面1米以下的部位应设置灯光疏散指示标志。大型商场、展览馆、影剧院等在其内疏散走道和主要疏散路线的地面上增设灯光疏散指示标志或蓄光疏散指示标志。

应急照明与疏散指示标志必须保证持续供电,发生火灾时,日常照明电源切断后,应急照明、应急出口标志及指示灯应能够立即切换,正确引导被困人员疏散或进行灭火救援行动。

(4)避难层(间)

避难层是建筑内用于人员暂时躲避火灾及其烟气危害的楼层(房间)。封闭式的避难层,周围设有外墙、楼板等耐火的围护结构,室内设有独立的空调和防排烟系统,如在外墙上开设窗口时,应采用防火窗。这种避难层设有可靠的消防设施,足以防止烟气和火焰的侵害,同时还可以避免外界气候条件的影响,可供建筑内人员避难逃生。

此外,还有用于救生的避难袋、救生绳、救生梯、缓降器、救生网、救生垫、升降机等,都属于火灾情况下的消防安全疏散设施。

7. 逃生避险器材

建筑火灾逃生避险器材是在发生建筑火灾的情况下,遇险人员逃离火场时所使用的辅助逃生器材。在建筑内配备这些器材，可以为建筑内人员提供利用室外空间疏散逃生的新途径，大幅提升建筑的消防疏散能力，也可以解决场所内行动不便人员的消防疏散难题，减少人员伤亡。

建筑火灾逃生避险器材主要可分为四类。绳索类，如逃生缓降器、应急逃生器、逃生绳；滑道类，如逃生滑道；梯类，如固定式逃生梯、悬挂式逃生梯；呼吸器类，如消防过滤式自救呼吸器等。此外，还有避难袋、室外疏散救援舱等装置。

（1）逃生缓降器

逃生缓降器也称救生缓降器，是一种使用者靠自重以一定的速度自动下降并能往复使用的逃生器材。其构造由摩擦棒、套筒、自救绳和绳盒组成，无须其他动力，通过制动机构控制缓降绳索的下降速度，可让使用者在保持一定速度平衡的前提下，安全降至地面。它可安装于建筑物窗口、阳台或楼平顶等处，也可安装在举高消防车上营救被困人员。缓降器机械结构简单，使用时安装方便，操作简单，下滑平稳，消防员还可以带着一人滑至地面，行动不便者还可由地面人员控制从而安全降至地面，既能用于家庭逃生，也可安装在公众聚集场所的走道尽头、避难层或屋顶平台等位置作为公众疏散逃生器材，因此是目前应用最广泛的辅助安全疏散产品。

使用逃生缓降器时应遵循下列方法和步骤：

①自盒中取出缓降器，将自救绳和安全挂钩牢固地系在楼内的固定物上。

②把垫子放在绳子和楼房结构中间，以防自救绳磨损。

③穿戴好安全带和防护手套后，携带好自救绳盒或将盒子抛到楼下，将安全带和缓降器的安全钩挂牢。

④一手握套筒，一手拉住由缓降器下引出的自救绳开始下滑。

⑤放松或拉紧自救绳调节速度，放松为正常速度，拉紧为减速直至停止。

⑥第一个人滑到地面后，第二个人方可开始使用。

（2）逃生绳

逃生绳是供使用者手握滑降逃生的纤维绳索。当发生火灾时，使用者将救生绳的一端用救生钩固定，另一端系在腰上，双手抓住绳子，顺墙体缓慢下降，直至地面。

逃生绳有两种，一种配有安全钩，使用时可用安全钩直接钩挂在建筑构件上，或将绳索盘绕建筑构件一圈后用安全钩扣起，并锁上保险。另外一种未配安全钩的，可用绳索一端打结后固定在室内建筑构件或其他重物上，要保证打得结实、牢靠，建筑构件能够承受住人下滑的重量。

知识小百科

日本有一种自垂救生索，它和建筑内的消防控制室连在一起，绳索则安装在每个窗的外墙上框部。一旦发生火灾，只要消防控制室一动作，这些绳索便自动脱垂，在各个窗口形成一条条救生路线。

（3）逃生滑道

逃生滑道是使用者靠自重以一定的速度下滑逃生的一种柔性通道，像一个长长的布袋子，由外层防护层、中间阻尼层和内层导滑层三层材料组合制成，可防火、防高温、隔辐射，并对逃生者进行全面的保护。

逃生滑道是一种快速、高效的逃生设施，适于60米高度内的任何场所、建筑物；操作方便，可以让使用者以每分钟30人的速度迅速逃离火场和危险区域，老弱妇孺均可使用；使用时不用电力，操作简便，安全性高；占地小，平时置于密闭箱内，防水、防虫、防污染，可长期存放，容易维护。逃生滑道是柔性结构，使用者在下滑时可变化肢体的形态自行控制下滑速度，滑道可随人下滑速度进行弯曲，减小滑梯坡度，使救生人员能够平稳、安全着地，且不致受到碰撞、踩踏、灸烧和烟熏的伤害，任何人不需预先练习都可以成功地使用。紧急情况下，逃生滑道也

可以用云梯车在贴近高层建筑被困人员所处的窗口展开，甚至可以用直升机投放到高层建筑的屋顶，由消防人员展开后疏散屋顶的被困人员。

逃生滑道的使用方法是：

进入滑道前，尽可能脱去外衣、皮鞋等可能钩、划到滑道或影响下滑速度的累赘衣物；

双手向上高举进入滑道，可以通过双臂的弯曲、身体的蜷缩等调整下滑速度。青少年因身体轻、阻力小，应以双臂和膝盖略展开支撑等动作延缓下降的速度；

多人使用时，间隔时间不小于 10 秒；

滑道的下端应有接应人员，并设专门人员 2—3 名负责收口，待下滑人员踩到收口部位时再松开，让下滑人员安全滑出。

（4）固定式逃生梯和悬挂式逃生梯

①固定式逃生梯。固定式逃生梯是和建筑物固定连接，使用者靠自重以一定的速度自动下降并能循环使用的一种金属梯，采用固定框架和传动链踏板结构，在每层楼窗口或安全出口处均设有逃生出口，能在发生火灾时于短时间内连续将高楼被困人员安全疏散至地面，适用于公众场所的疏散逃生，其使用方法是：

靠近救生梯，拉动平衡杆；

将踏板拉到与脚面平行；

双手抓牢平衡杆，双脚踏上踏板，救生梯下降工作；

即将到达地面时，单脚离开踏板准备下梯，当单脚落到地面后，松开双手，同时另一只脚也离开踏板，安全到达地面离开即可。

②悬挂式逃生梯。悬挂式逃生梯是展开后悬挂在建筑物外墙上供使用者自行攀爬逃生的一种软梯，采用上端悬挂和边索梯档结构，主要由钢制梯钩、边索、踏板和撑脚组成，整梯可收藏在包装袋内。悬挂式逃生梯主要适合6层及6层以下居民家庭使用，其使用方法是：

调节梯钩至合适宽度，然后锚紧墙体；

解开绳扣，放下梯档；

双手扶住窗户，单脚踩住梯档，将身体移至窗外；

爬降至安全处。

（5）过滤式消防自救呼吸器

过滤式消防自救呼吸器是建筑火灾中必备的个人自救、互救、逃生器具，能有效地滤除火灾中产生的一氧化碳、二氧化碳、氰化氢、烟雾以及砷化氢、苯等有毒气体，从而供人员在发生火灾时避免中毒，安全逃生。

过滤式消防自救呼吸器是一种通过过滤装置吸附、吸收、催化及直接过滤等作用去除一氧化碳、烟雾等有害气体，供人员在发生

火灾时逃生用的呼吸器，其优点是：头罩采用阻燃棉布制造，表面涂覆铝箔膜，可以抵御热辐射，防止火场中高温辐射对逃生者头部的伤害，也便于浓烟下识别逃生者。头罩上还设有透明的大眼窗，视野开阔，便于逃生。但过滤式自救呼吸器具有很强的针对性，防护有毒、有害气体的种类取决于滤毒罐所装药剂的数量及种类，当有毒、有害气体的种类不明、浓度过高或超出它的防护范围时，就不能使用；当环境中氧气浓度低于17%时，亦不能使用。其使用方法是：

当发生火灾时，立即沿包装盒开启标志方向打开盒盖，撕开包装袋取出呼吸装置；

沿着提醒带绳拔掉前后两个红色的密封塞；

将呼吸器套入头部，拉紧头带，迅速逃离火场。

（6）室外疏散救援舱

室外疏散救援舱是一种组装起来的机械装置，由平时折叠存放在屋顶的一个或多个逃生救援舱和外墙安装的齿轨两部分组成。火灾时专业人员用屋顶安装的绞车将展开后的逃生救援舱引入建筑外墙安装的滑轨，逃生救援舱可以同时与多个楼层走道的窗口对接，将高层建筑内的被困人员送到地面。其优点是每往复运行一次可以疏散多人，尤其适合于疏散乘坐轮椅的残疾人和其他行动不便的人员。它在向下运行将被困人员送到地面后，还可以在向上运行时将救援人员输送到上部。

室外疏散救援舱一次性投资较大，需要由受过专门训练的人员使用和控制，而且需要定期维护、保养和检查。作为其动力的屋顶绞车必须有可靠的动力保障。

消防安全标志

①火灾报警装置标志

消防按钮　　　　发声警报器　　　　火警电话　　　　消防电话

②紧急疏散逃生标志

安全出口　　　　　　　　　　滑动开门

推开　　　　　　拉开　　　　　击碎板面　　　　逃生梯

③灭火设备标志

灭火设备　　　手提式灭火器　　　推车式灭火器　　　消防炮

消防软管卷盘

地下消火栓

地上消火栓

消防水泵接合器

④禁止和警告标志

禁止吸烟

禁止烟火

禁止放易燃物

禁止燃放鞭炮

禁止用水灭火

禁止阻塞

禁止锁闭

当心易燃物

当心氧化物

当心爆炸物

⑤方向辅助标志

疏散方向

火灾报警装置或灭火设备的方位